Die 12 Qualitäten des Wassers

Entwürfe für die Zukunft – Band 4

FSC
www.fsc.org
MIX
Papier aus verantwortungsvollen Quellen
Paper from responsible sources
FSC® C105338

Kontakt: www.HarryEilenstein.de
Harry.Eilenstein@web.de
Harry Eilenstein bei youtube

Verlag: BoD · Books on Demand GmbH, Überseering 33, 22297 Hamburg, bod@bod.de
Druck: Libri Plureos GmbH, Friedensallee 273, 22763 Hamburg

ISBN: 978-3-8192-0943-7

Inhaltsübersicht

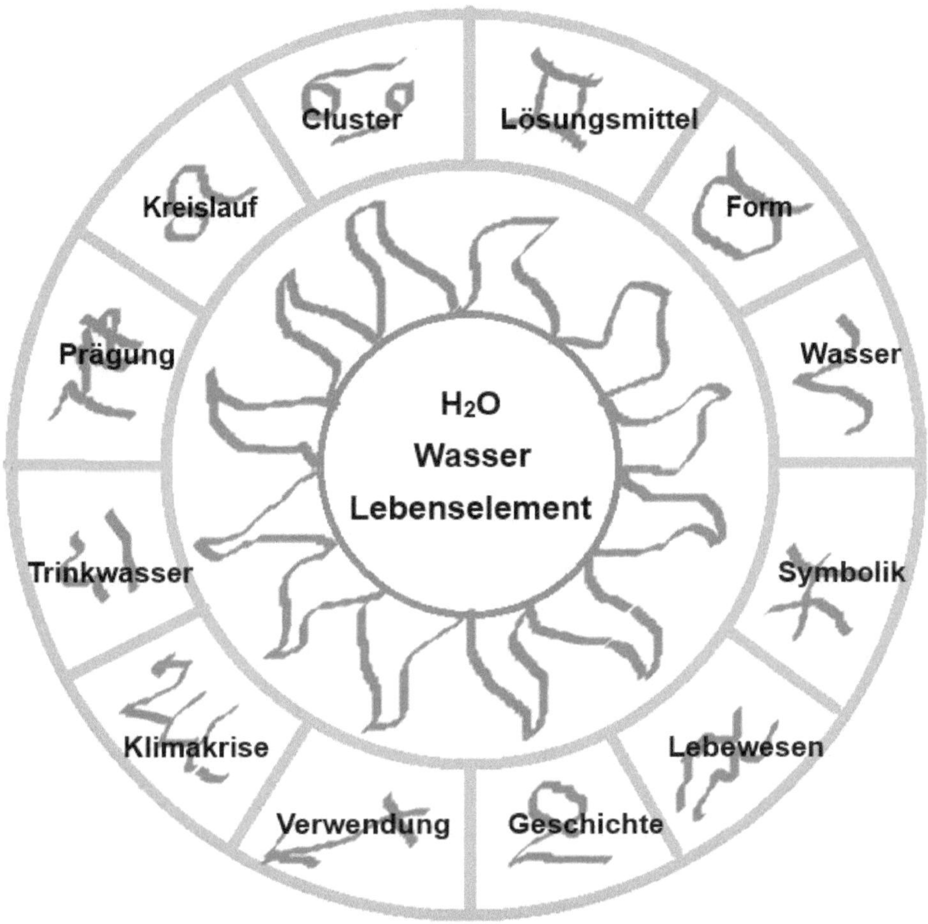

Warum 12?

Alle Bücher dieser Reihe haben genau 12 Kapitel – was sich ja auch in den Titeln dieser Bücher widerspiegelt. Warum?

In diesen Büchern wird der Tierkreis als Matrix von 12 verschiedenen Sichtweisen auf die Welt verwendet, um das Thema des Buches möglichst umfassend in 12 Kapiteln zu betrachten. Dadurch wird eine ausgewogenere, umfassendere und tiefere Einsicht in das jeweilige Thema erlangt als es ohne ein solches Raster, ohne eine solche Matrix möglich wäre.

Der Tierkreis wird in dieser Booklet-Reihe als Forschungs-Hilfsmittel benutzt, durch das die Einseitigkeiten in der Betrachtung zumindest vermindert werden können. Weiterhin werden durch dieses Vorgehen diese 12 Sichtweisen auch als Ergänzungen zueinander, als organische Teile eines Ganzen deutlich.

Die Inspiration zu diesem Vorgehen stammt aus Hermann Hesses Roman „Das Glasperlenspiel“, für das er 1946 den Literatur-Nobelpreis erhielt. In diesem Roman beschreibt er die öffentlichen Darstellungen von Übersichten und Gesamtbetrachtungen, die mithilfe von verschiedenen allgemeinen Strukturen wie z.B. dem Ba Gua aus dem chinesischen Feng-Shui angefertigt und aufgeführt werden.

Diese Buch-Reihe ist ein Versuch, Hesse‘s Idee im ganz Kleinen konkret zu verwirklichen.

Die Blickwinkel der 12 Tierkreiszeichen sind:

♈	Widder:	Spontaner
♉	Stier:	Genießer
♊	Zwilling:	Neugieriger
♋	Krebs:	Familienmensch
♌	Löwe:	Egozentriker
♍	Jungfrau:	Handwerker
♎	Waage:	Schöngeist
♏	Skorpion:	Tiefgründiger
♐	Schütze:	Idealist
♑	Steinbock:	Realist
♒	Wassermann:	Theoretiker
♓	Fische:	Träumer

1. Wasser

♈

Wasser ist eines der einfachsten und zugleich wichtigsten Moleküle. Es besteht aus einem Sauerstoffatom („O"), das zwei Wasserstoffatome („H") an sich gebunden hat: H_2O.

Wasser ist der einzige Stoff auf der Erde, der in größeren Mengen in allen drei Aggregatzuständen vorkommt, also fest (Eis), flüssig (Wasser) und gasförmig (Dampf). Den Plasma-Zustand, bei dem sich die Elektronen vom Atomkern lösen, gibt es bei Wasser nicht, da das Wasser bei den dafür notwendigen hohen Temperaturen in Sauerstoff und Wasserstoff zerfällt.

Wasserdampf hat ein ca. 1.600-fach so großes Volumen wie Wasser und ist daher auch 1.600-mal so leicht wie Wasser. Das führt zu den aufsteigenden Bläschen beim Sieden von Wasser.

Der feste Zustand des Wassers – also Eis – ist nicht dichter und daher auch nicht schwerer, so wie das bei anderen Stoffen üblich ist, sondern leichter, weshalb Eis auf Wasser schwimmt. Die größte Dichte und das größte Gewicht hat Wasser bei 3,98°C, darunter weitet es sich wieder und wird dann beim Gefrieren sprunghaft um ca. 1/9 weiter und leichter. Abhängig von den Entstehungsumständen von Wasser-Eis gibt es 18 verschiedene Arten von Eis. Wasser kristallisiert (gefriert) hexagonal, d.h. Eis bildet 60°-Winkel, wie allgemein durch die Form der Schneeflocken bekannt ist.

Unterhalb von 0°C und im Vakuum – also fast überall im Weltall – gibt es Wasser nur als Eis oder als Gas. Für das Vorhandensein von flüssigem Wasser sind besondere Umstände – vor allem Temperatur und Druck – notwendig.

Wasser hat eine der höchsten bekannten Verdunstungskälten, was dazu führt, dass der verdunstende Schweiß viel Energie mitnimmt und dadurch kühlt.

Denselben Effekt – nur nicht ganz so ausgeprägt, gibt es beim Wasser auch bei der Schmelzkälte, da Wasser auch beim Schmelzen viel Energie bindet. Ein erhöhter Druck senkt statt erhöht (wie bei anderen Stoffen) den Schmelzpunkt von Wassereis.

Wasser ist eine sehr wenig viskose Flüssigkeit – also sehr dünnflüssig. Wasser ist weniger viskos als z.B. Quecksilber, aber viskoser als z.B. Petroleum.

Die verschiedenen Temperatur-Skalen, die in Gebrauch sind, verwenden alle den Schmelzpunkt des Wassers bei 0° Celsius und den Siedepunkt des Wassers bei 100°

Celsius als die beiden Punkte, durch die die Temperatur-Skala geeicht wird.

Weiterhin ist das Gewicht von 1kg lange Zeit über das Gewicht von 1 Liter Wasser, also von einem Würfel Wasser von 10cm Seitenlänge definiert worden. Entsprechend ist das Gewicht von 1 Tonne das Gewicht eines Wasserwürfels von 1m Seitenlänge.

Der Kern eines Wasserstoff-Atoms kann neben dem einzelnen Proton ein Neutron („Deuterium“) oder auch zwei Neutronen („Tritium“) enthalten. Da das Neutron dem Wasserstoff-Atom zusätzliches Gewicht gibt, gibt es drei Isotope, also drei verschieden schwere Isotope des Wasserstoffs: den leichten Wasserstoff mit einem Proton und einem Neutron („H“), das schwere Deuterium mit einem Proton und zwei Neutronen („D“) und das überschwere Tritium mit einem Proton und drei Neutronen („T“).

Folglich gibt es auch das normale Wasser (H_2O), das halbschwere Wasser (HDO), das schwere Wasser (D_2O), das überschwere Wasser (T_2O) und daneben auch noch die beiden Mischformen HTO und DTO.

Die verschiedenen schweren Formen des Wassers werden vor allem in der Chemie und in Kernreaktoren verwendet.

Die beiden Wasserstoff-Atome sitzen bei dem Sauerstoffatom nicht einfach gegenüber, sondern aufgrund der Form der Elektronenhülle des Sauerstoffatoms in einem Winkel von 104,45° (zwischen den beiden Wasserstoffatomen vom Zentrum des Sauerstoffatoms aus gesehen) Die beiden Wasserstoff-Atome mit dem Sauerstoff-Atom in ihrer Mitte bilden also keinen „Stab“, sondern einen „geknickten Stab“, dessen Knick bei dem Sauerstoff-Atom einen Winkel von 104,45° hat.

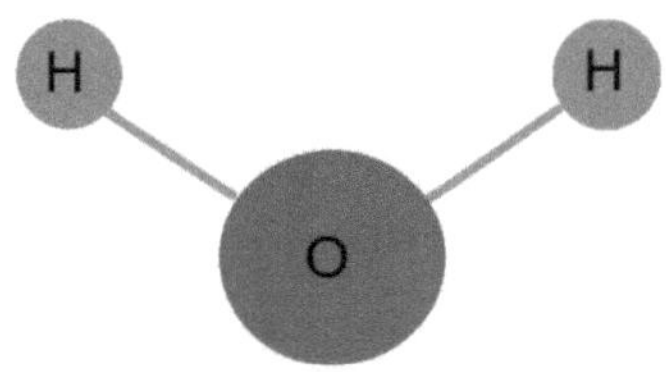

Dieser Winkel hat eine große Wirkung auf die Eigenschaften des Wassers, denn durch ihn gibt es eine Seite des Moleküls, an der die beiden Wasserstoff-Atome (H) sind und eine Seite, an der das Sauerstoff-Atom (O) ist. Da das O die Elektronen in diesem Molekül stärker anzieht als die H-Atome diese Elektronen anziehen, sind die Elektronen näher beim O als bei den beiden H.

Das führt dazu, das die Wasser-Moleküle polar geladen sind: negativ an dem O-Ende und positiv an den beiden H-Enden. Das Wasser-Molekül ist von seiner elektrischen

Ladung her also ein „Dipol“.

Zwischen diese Wassermolekül-Dipolen ziehen daher die negativ geladenen H-Enden die positiv geladenen O-Enden an. Das Wasser bildet also ständig Verbindungen zwischen mehreren Wassermolekülen, die sogenannten „Wasserstoffbrückenbindungen“. Da ein Wasser-Molekül zwei H-Enden und ein O-Ende hat, kann jedes Wasser-Molekül drei solcher Wasserstoffbrückenbindungen zu drei anderen Wasser-Molekülen ausbilden.

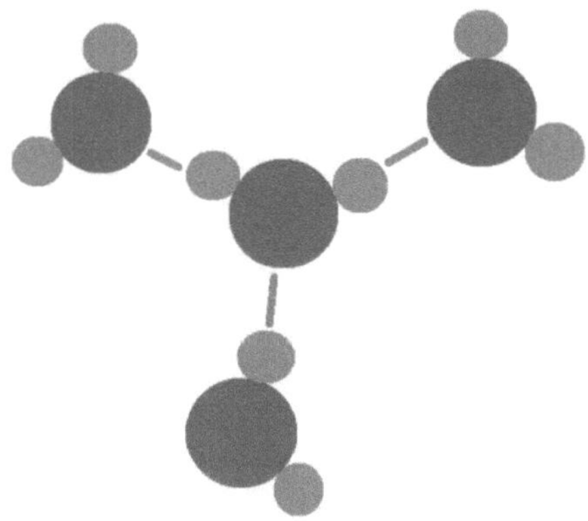

Diese Bindungen halten nur Sekundenbruchteile lang und lagern sich dann an ein anderes Molekül an: Das ist sozusagen eine „ständige Bindung im Fluss“. Diese Bindungen sind „im Fluss“, solange das Wasser eine Flüssigkeit und kein Eis oder Dampf wird. Beim Eis würden diese Bindungen fest werden und beim Dampf sind die Wasser-Moleküle so weit voneinander entfernt, dass sie keine Wasserstoffbrückenbindungen bilden können.

Da die Wassermoleküle stark polar sind, erhöht die elektrostatische Anziehung (also die Bindung durch die Wasserstoffbrücken) den Zusammenhalt der Moleküle ganz beträchtlich. Ohne sie wären der Schmelzpunkt und der Siedepunkt des Wassers deutlich niedriger und es gäbe Wasser auf der Erde fast nur als Gas.

Diese Verkettung der Wasser-Moleküle ist im Wasser gleichmäßig verteilt. An der Oberfläche des Wassers geschieht jedoch etwas anderes. Wenn man sich vorstellt, daß die Wasser-Moleküle ihre Bindungen nach links und rechts, nach vorne und hinten sowie nach unten und oben hin wie kleine „Ärmchen“ ausstrecken können, dann sieht das an der Wasseroberfläche anders aus, da es oben keine weiteren Wasser-Moleküle mehr gibt. Die „Ärmchen“ der Wassermoleküle strecken sich daher an der Wasseroberfläche nur noch nach fünf Richtungen (links, rechts, vorne, hinten, unten) und nicht mehr nach sechs Richtungen (links, rechts, vorne, hinten, unten, oben) hin aus. Dadurch wird die Bindung der Wasser-Moleküle an der Wasseroberfläche um ein Sechstel stärker als innen im Wasser.

Diese stärkere Bindung führt zu einer größeren Festigkeit der Wasseroberfläche, was als „Oberflächenspannung“ bezeichnet wird. Wasser hat die zweithöchste Oberflächenspannung aller Flüssigkeiten – nur bei Quecksilber ist sie noch größer.

Diese Oberflächenspannung ist wie ein „Netz“ rings um jedes Wasser herum. Dieses „Netz“ hält auch das Wasser an der Unterseite eines Gegenstandes oder an der Öffnung eines Wasserhahns fest und führt dazu, dass fallendes Wasser zu einer Wasserkugel, also zu einem Tropfen wird.

Bei steigender Wasser-Temperatur sinkt die Oberflächenspannung allmählich ab, bis sie dann beim Übergang zu Dampf ganz verschwindet.

Die Oberflächenspannung wird von einigen Käfern und Spinnen wie z.B. dem Wasserläufer genutzt, um über Wasser laufen zu können. Einige Gecko-Arten benutzen ebenfalls diese Oberflächenspannung und dazu auch noch ihren schnellen Lauf und ihre wasserabweisende Haut, um über Wasser laufen zu können. Diese „Wasser-Läufe“ sind für Tiere bis zu einem Gewicht von ca. 600g möglich.

Wasser hat viele interessante Eigenschaften:

- Magnetfelder stärken die Wasserstoffbrückenbindungen und erhöhen dadurch den Schmelzpunkt von Wassereis geringfügig.

- Reines Wasser ist geschmacklos und geruchlos.
- Wasser hat eine der höchsten Wärmeaufnahmefähigkeiten aller Materialien. Dazu hat es eine sehr geringe Wärmeleitfähigkeit, d.h. es kann sehr viel Wärme speichern.
- Wasser ist sehr lichtdurchlässig. Im Meer können daher bis zu einer Tiefe von 200m noch Pflanzen leben, die Photosynthese betreiben. Erst ab einer Tiefe von 600m ist es im Meer vollkommen dunkel.
- Wasser bricht die Richtung des einfallenden Lichts aufgrund seines hohen Dichteunterschiedes zur Luft sehr stark. Daher gibt es Spiegelungen an der Wasseroberfläche. Aus demselben Grund sieht auch ein schräg im Wasser stehender Pfosten so aus, als ob er an der Wasseroberfläche abzuknicken würde.
- Reines Wasser ist kaum für Strom leitfähig, da im Wasser nur ein geringer Zerfall des H_2O in die Ionen H_3O+ und OH- vorliegt – und ohne Ionen kann kein Strom transportiert werden. Mineralwasser ist durch die hohe Anzahl an Ionen in ihnen (die auf dem Etikett angegeben sind) ca. 10.000-mal so gut leitfähig wie reines Wasser.
- Die „Wasserhärte“ ist ein Maß für die Menge an Mineralien, die in dem betreffenden Wasser gelöst sind. Mineralwasser ist also recht „hart“.
- Der Sauerstoff in dem Wassermolekül oxydiert Metalle, d.h. feuchtes Metall rostet. Dies liegt daran, dass der Sauerstoff mit vielen Metallen eine stärkere Bindung eingeht als mit Wasserstoff.
- Schall bewegt sich im Wasser mit einer Geschwindigkeit von 1.435m/sec aus. Das ist ca. viermal so schnell wie in der Luft, was daran liegt, dass Wasser deutlich dichter als Luft ist. Die Schallgeschwindigkeit an der Luft beträgt im Gegensatz zu der Schallgeschwindigkeit im Wasser nur 343m/sec.
- Es gibt ein kurioses Wasser-Phänomen, das auf der Verstärkung der Wasserstoffbrückenbindung beruht: Wenn man zwei Gläser, die bis knapp unter den Rand mit Wasser gefüllt sind, unter Hochspannung setzt, steigt das Wasser in den beiden Gläsern dort, wo sie dem anderen Glas am nächsten stehen, am Rand empor und bildet dann einen bis bis zu 2,5cm langen Wasserfaden zwischen den beiden Gläsern. Das sieht, weil es so ungewohnt ist, ziemlich absurd aus.

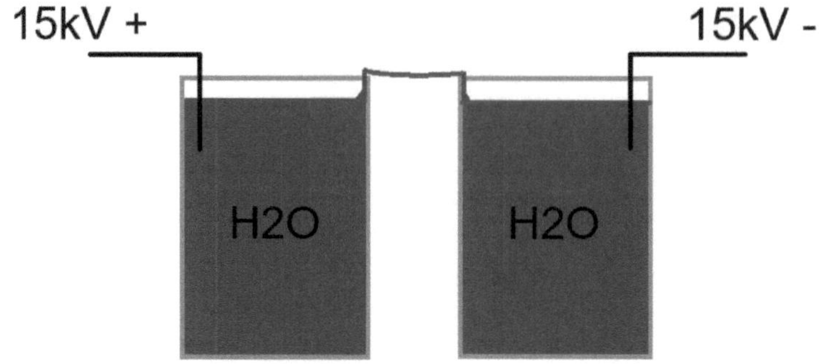

zwei Gläser mit Wasser, die unter Stromspannung stehen, mit einem sie verbindenden „Wasserfaden“, in dem der Strom von dem einen Glas in das andere Glas fließt

Das Wasser auf der Erde liegt in zwei Formen vor: Salzwasser und Süßwasser. Das Salz in dem Salzwasser der Meere ist im Laufe der Jahrmillionen aus der Erde, durch die die Flüsse fließen, ausgeschwemmt und ins Meer gespült worden.

- Das Wasser auf der Erde besteht zu 97% aus Salzwasser und nur zu 3% aus Süßwasser.

- Von diesem wenigen Süßwasser sind 68,7% in den Eiskappen an den Polen und in den Gletschern in den Gebirgen gebunden. 30,1% des Süßwassers ist als Grundwasser in der Erde. Weitere 0,9% befinden sich vor allem in der Atmosphäre (Wolken) und in den Lebewesen. Die noch fehlenden 0,3% des Süßwassers sind das Oberflächenwasser.

- Von dieser winzigen Menge an Oberflächenwasser – das nur 0,009% des gesamten Wassers ausmacht, finden sich 87% in den Seen, 11% in den Sümpfen und 2% in den Flüssen.

- Wenn man die gesamten 1,4 Milliarden km³ Wasser auf der Erde zu einem Würfel formen würde, hätte dieser Würfel eine Kantenlänge von 1.120km.

- Das Wasser auf der Erde ist zu 98,233% flüssig, zu 1,766% Eis und schließlich noch zu 0,001% gasförmig (hauptsächlich Wolken).

Noch etwas:

Die Erde wird oft „der blaue Planet“ genannt – weil die Erde vom Weltall aus gesehen aufgrund der Meere, die ca. 80% der Erdoberfläche bedecken, vom Weltall aus gesehen blau erscheinen. Die Erde ist also „der Planet des Wassers“. Daher gibt es die weitverbreitete Ansicht, daß sich fast das gesamte Wasser in unserem Sonnensystem auf der Erde befindet.

Das ist jedoch ein großer Irrtum: Auf der Erde befinden sich nur 0,013% des gesamten Wassers, das es in unserem Sonnensystem befindet – also nur etwas mehr als ein Hundertstel Prozent.

Dieses Wasser in unserem Sonnensystem liegt als Eis, flüssiges Wasser und Wasserdampf vor – lediglich in den Saturnringen befindet sich nur Eis.

Dieses Wasser findet sich an den folgenden Orten:

Jupiter	$8{,}0 \times 10^{24}$ kg	=	75,0000%
Saturn	$1{,}4 \times 10^{24}$ kg	=	13,0000%
Neptun	$7{,}0 \times 10^{23}$ kg	=	6,6000%
Uranus	$5{,}0 \times 10^{23}$ kg	=	4,7000%
Erde	$1{,}4 \times 10^{21}$ kg	=	0,0130%
Europa (Jupiter-Mond)	$2{,}5 \times 10^{20}$ kg	=	0,0014%
Ganymed (Jupiter-Mond)	$7{,}5 \times 10^{19}$ kg	=	0,0007%
Kallisto (Jupiter-Mond)	$5{,}3 \times 10^{19}$ kg	=	0,0005%
Saturnringe (Wasser-Eis)	$5{,}0 \times 10^{19}$ kg	=	0,0005%
Titan (Saturn-Mond)	$2{,}8 \times 10^{19}$ kg	=	0,0003%
Enceladus (Saturn-Mond)	$2{,}0 \times 10^{19}$ kg	=	0,0002%
andere Monde und Kometen	$5{,}0 \times 10^{19}$ kg	=	0,0005%
gesamtes Sonnensystem	$10{,}6 \times 10^{24}$ kg	=	100,0000%

Der „Planet des Wassers“ in unserem Sonnensystem ist also nicht die Erde ,sondern der Jupiter. Er enthält ungefähr 5770-mal so viel Wasser wie sich in den Meeren der Erde befinden …

Seit wann gibt es eigentlich Wasser?

Erstaunlicherweise schon seit 100-200 Millionen Jahren nach dem Urknall, der vor ca. 13,8 Milliarden Jahren stattfand. Der Wasserstoff als das einfachste Element überhaupt (ein Proton, ein Elektron) entstand als erstes aller Elemente. Der Sauerstoff (8 Protonen, 8 Neutronen, 8 Elektronen) bildete sich hingegen erst durch die Kernfusion in den frühen Sternen im Weltall. Durch die Verbindung von zwei Wasserstoff-Atomen („H“) und einem Sauerstoff-Atom („O“) entstand dann das Wasser-Molekül („H_2O“).

2. Form

♉

Das Wasser formt die Erdoberfläche auf vielfältige Weise. Der Regen fällt auf die Erde und rinnt talwärts und letztlich wieder zurück zum Meer.

Der Regen sickert zum Teil in die Erde und rinnt dann unterirdisch meist zu einem Hang, an dem er dann als Quelle wieder austritt. Dieses unterirdisch fließende Wasser kann langgezogene Röhren bilden, wodurch dann z.T. sehr lange Höhlen entstehen, in denen dann ein Bach oder ein kleines Flüsschen fließt. Diese unterirdischen Bäche und Flüsschen können auch unterirdische Seen entstehen lassen.

Wenn der Boden sehr kalkhaltig ist, löst sich der Kalk in dem Wasser und setzt sich an anderen Stellen wieder ab. Dadurch können zum einen unterirdisch Tropfsteinhöhlen und zum anderen sowohl unterirdisch als auch oberirdisch Sinterbecken entstehen. Diese Sinterbecken entstehen in langsam fließendem kalkhaltigem Wasser, das sich in langgezogenen Kurven absetzt und dadurch einen flachen „Staudamm" bildet. Das ist möglich, weil das Wasser stets an der tiefsten Öffnung in solch einen Damm überfließt und folglich dort auch den meisten Kalk absetzt und dadurch diese tiefe Öffnung allmählich schließt. Solche Sinterbecken sind vor allem aus der Toskana und aus den Gebirgen an der Ostseite der Adria bekannt.

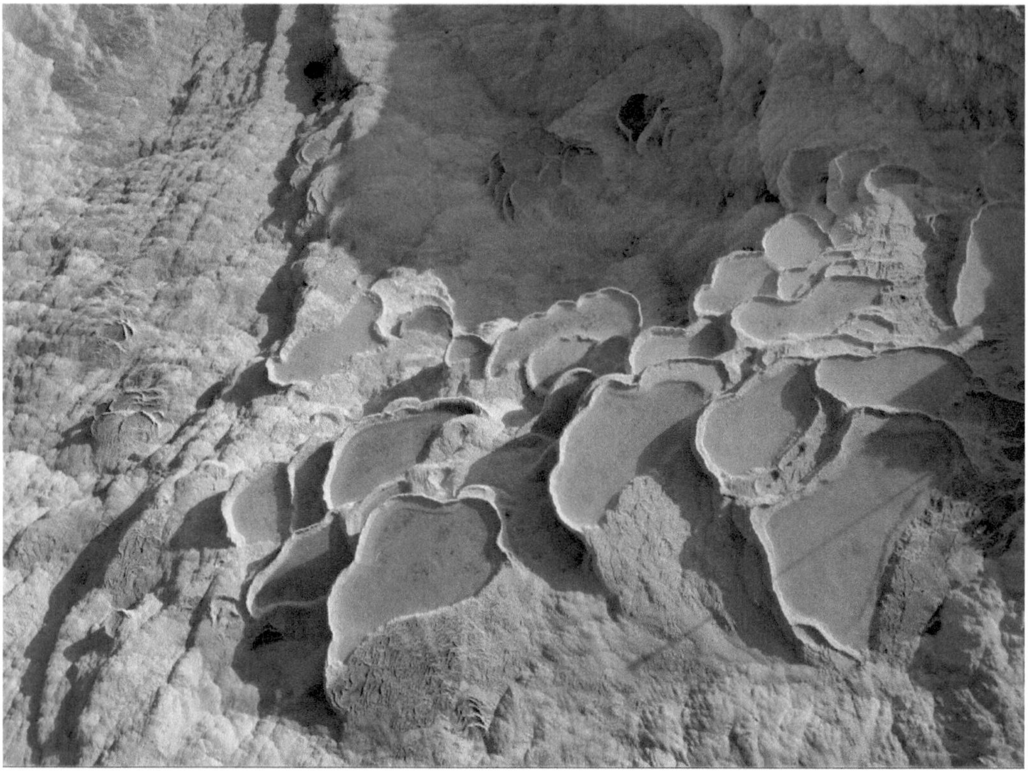

Ist das versickerte Regenwasser erst einmal wieder ausgetreten, bildet es Bäche, die sich zu Flüssen vereinen, die wiederum große Ströme bilden können, die schließlich so gut wie alle in das Meer oder in ein Binnenmeer wie z.B. in den Aral-See, in den Baikal-See oder in das Tote Meer münden oder in seltenen Fällen auch in einer Wüste – z.B. in der Gobi – versickern.

Auf diesem Weg zum Meer nimmt das Wasser Erde, Sand und Steine mit und gräbt auf diese Weise Täler. Je nach der Art des Erdbodens erhalten diese Täler eine verschiedene Gestalt:

- sehr hartes Gestein: Klamm, Schlucht
- hartes Gestein: V-förmiges Tal
- mittelhartes Gestein: U-förmiges Tal
- weiches Gestein: flaches Tal
- verschiedenartige schrägliegende Bodenschichten übereinander: eine steile Talseite und eine flache Talseite

Die zweite Kraft, die diese „Erosion“ genannte Landschaftsveränderung bewirken kann, ist der Wind – vor allem dann, wenn er Sand mit sich weht.

Wasser neigt dazu, geradeaus weiterzufließen – einfach wegen seiner Impulserhaltung. Das bedeutet, dass das Wasser an der Außenkurve eines Baches oder Flusses („Prallhang“) Erde vom Ufer abträgt, und sie später dann auf der Innenseite einer Kurve dieses Flusses („Gleithang“), an der die Strömung sehr schwach ist, ablagert. Daher sind Bäche und Flüsse direkt vor der Außenkurve am tiefsten und in der Innenkurve am flachsten. In diesen Innenkurven bilden sich folglich hin und wieder auch Inseln aus angeschwemmter Erde und Steinen.

Diese Dynamik bewirkt, dass sich Flüsse mit der Zeit in die Richtung ihrer Außenkurven hin verschieben und dadurch nach und nach eine immer stärkere Schlangenlinien-Form annehmen, die „Mäander“ genannt wird.

Manchmal stößt solch eine Außenkurve schließlich auf andere Stelle desselben Flusses, wodurch dann eine Insel und ein Altarm entsteht, durch den nur wenig Wasser fließt. Dies ist eine andere Inselform in einem Fluss als die eben genannte Schwemmland-Insel. Während die Schwemmland-Inseln langgezogen sind, sind die Altarm-Inseln oft eher halbrund oder Mondsichel-förmig – vor allem in bergigen Gegenden.

Die Inseln an der Küste unterscheiden sich deutlich von den Inseln in Flüssen. Die meisten Meeresinseln in Küstennähe sind dadurch entstanden, dass das Meer nach und nach Buchten in die Küste gegraben hat und dann zwei solcher Buchten im Inland miteinander verbunden hat. Dadurch entstanden bei weichem Boden längliche Inseln, die parallel zur Küste liegen (wie Sylt) – bei felsigem Boden entstanden entweder ebenfalls längliche Inseln parallel zur Küste (wie die Belle Ille in der Bretagne) oder kreisförmige Inseln (wie der Mont St. Michel in der Bretagne). Größere Inseln wie z.B. Grönland, Irland oder England haben verschiedene komplexere Formen.

Inseln, die mitten im Meer liegen, sind vulkanisch und haben entweder eine runde Form (wie Island), weil die Lava-Quelle an derselben Stelle bleibt, oder eine tropfenförmige Gestalt, weil sich die Lava-Quelle durch die Kontinentaldrift allmählich verschiebt (wie die Kanaren-Insel La Palma).

Wenn ein Fluss aus einer bergigen Gegend in ein Flachland fließt, bildet er dort oft aus der mitgeführten Erde Schwemmland. In solchen Gebieten besteht eine große Gefahr, dass ein Fluss bei Hochwasser über die Ufer tritt und sich einen neuen Verlauf sucht, was zu Katastrophen in den Dörfern und Feldern führen kann. Dieses Phänomen ist vor allem von den großen chinesischen Flüssen bekannt.

Zu Beginn der letzten Eiszeit vor 600.000 Jahren war Großbritannien noch fest mit Frankreich verbunden – die Nordsee war also eine große, nur nach Norden hin offene Bucht. Als der wachsende Eis-Schild an der Arktis diese Bucht im Norden verschloss, staute sich das Wasser von der Themse, der Seine, des Rheins, der Maas, der Ems, der Weser, der Elbe, der Oder und der Weichsel in dieser nun zu einem Binnensee gewordenen Nordsee-Bucht. Das Wasser stieg immer höher und floss schließlich an der flachsten Stelle – dem heutigen Ärmelkanal – über und suchte sich einen Weg nach Westen hin zum Atlantik.

Da der Meeresspiegel damals in der Eiszeit 75m tiefer lag als heute, weil sehr viel Wasser in dem Eis an den Polen und den Gebirgen gebunden war, grub sich dieses Wasser eine ca. 100m tiefe Schlucht von der heutigen Nordsee bis zum Atlantik zwischen England und Frankreich. Dabei leerte sich die damalige Nordsee und wurde wieder so klein wie zuvor.

Die Menge an Wasser, die dieser Mega-Fluss damals geführt hat, lässt sich abschätzen, wenn man das Wasser aller Flüsse, die heute in die Nordsee, in die Ostsee und in den Ärmelkanal münden, addiert. Die 30 größten dieser Flüsse führen heute die in der folgenden Liste aufgeführte Menge an Wasser:

Rhein	2.300 m³/Sekunde
Weichsel	1.080 m³/Sekunde
Elbe	870 m³/Sekunde
Glomma	698 m³/Sekunde
Duna	678 m³/Sekunde
Memel	616 m³/Sekunde
Göta	575 m³/Sekunde
Oder	574 m³/Sekunde
Seine	560 m³/Sekunde
Kemijoki	556 m³/Sekunde
Lule älv	556 m³/Sekunde
Āngermanälven	485 m³/Sekunde
Indalsälven	460 m³/Sekunde
Ume älv	435 m³/Sekunde
Torne älv	381 m³/Sekunde
Dalälven	379 m³/Sekunde
Maas	357 m³/Sekunde
Weser	324 m³/Sekunde
Gauja	300 m³/Sekunde
Kalixälven	290 m³/Sekunde
Ljusnan	230 m³/Sekunde
Lijoki	174 m³/Sekunde
Piteälven	160 m³/Sekunde
Skellefte älf	157 m³/Sekunde
Lågen	150 m³/Sekunde
Ljungan	140 m³/Sekunde
Schelde	127 m³/Sekunde
Ems	125 m³/Sekunde
Windau	96 m³/Sekunde
Themse	66 m³/Sekunde
gesamt:	**13.899 m³/Sekunde**

In dieser Liste sind die Hunderte an kleinen Flüssen, die diese Wassermenge noch einmal deutlich erhöhen, noch gar nicht aufgeführt. Wenn die damaligen nordeuropäischen Flüsse ungefähr so viel Wasser wie heute geführt haben sollten, sollte der damalige „Nordeuropa-Fluss" daher auf ca. 20.000 m³/Sekunde Wasser gekommen sein.

Zum Vergleich die wasserreichsten heutigen Flüsse, die größer als der „Nordeuropa-Fluss" sind:

Amazonas	206.000 m³/Sekunde
Bramaputra/Ganges	44.000 m³/Sekunde
Kongo	41.800 m³/Sekunde
Orinoco	37.740 m³/Sekunde
Jangtsekiang	31.000 m³/Sekunde
Missisippi	21.300 m³/Sekunde
Jennissei	20.200 m³/Sekunde
„Nordeuropa-Fluss“	20.000 m³/Sekunde

Die Nordsee ist während der Eiszeit zum Teil noch Festland gewesen – das „Doggerland“ verband England mit Jütland (Dänemark) und war von Steinzeit-Jägern besiedelt. Von den Sandsteingebirgen in diesem Bereich ist heute nur noch die Insel Helgoland übrig geblieben.

Zur Zeit des „Nordeuropa-Flusses“ war die Nordsee also nur im Norden ein Meer, aber in der Mitte und im Süden Festland, in dem die ganzen oben aufgeführten Flüsse sich vereinten – der Ostsee-Teil dieser Flüsse floß als Ganzes von Osten her durch die heutige Meerenge zwischen Dänemark und Schweden/Norwegen zu dem „Nordeuropa-Fluss“. Dieser „Ostsee-Nebenfluss“ des „Nordeuropa-Fluss“ führte 8500m³/ Sekunde, d.h. 61% des Wassers des „Nordeuropa-Fluss“. Dieser „Ostsee-Nebenfluss“ war von der Wassermenge her gesehen also ganz deutlich der Hauptfluß dieses „Ostsee-Nebenflusses“.

\- - -

Als es nach dem Ende der Eiszeit um 10.500 v.Chr. bis ca. 6.000 v.Chr. eine Regenzeit gab, bildeten sich viele große Seen, die es heute nicht mehr gibt: Der Fayum-See in Nordägypten war sehr viel größer als heute und die Oase Siwa im Westen des Nildeltas war damals auch noch ein See in etwa von der Größe des heutigen Nildeltas. Weiterhin gab es den auch heute noch existierenden Viktoriasee in Ostafrika, den heute fast ganz ausgetrockneten Tschadsee, der damals in etwa die Fläche der heutigen Ostsee hatte, den See am Nordbogen des Nigers, den See am weißen Nil in Äthiopien, den See im Kongobecken und die damals vollständig überflutete Kalahari-Wüste. Auch das Hochland des Iran in den Gebirgen östlich von Mesopotamien war zu dieser Zeit zum größten Teil von einem riesigen See bedeckt – der Urmia-See, der von diesem riesigen See in historischer Zeit übriggeblieben ist, ist seit dem Jahr 2000 um 95% geschrumpft und wird bald wohl ganz ausgetrocknet sein. Dasselbe ist bei dem Aral-See zu beobachten, von dem seit seiner seiner Austrocknung, die sich ab dem Jahr 2000 drastisch beschleunigt hat, auch nur noch kleine Reste übrig sind,

- - -

Im Flachland können Bäche auch in Senken fließen und dort Sümpfe und Moore bilden. Manchmal versumpfen auch die Altarme von Flüssen, doch die meisten Sümpfe bildeten sich in feuchten Senken, durch die nur langsam Wasser fließt.

Ein Sumpf ist ein Feuchtgebiet mit schlammigem Boden an Seeufern oder in Fluss-Altarmen, die jedoch gelegentlich austrocknen. Moore sind hingegen Feuchtgebiete, die nicht austrocknen, wodurch sich dort aus den verfaulenden Pflanzen Torf bilden kann.

- - -

Ein anderes eindrückliches Fluss-Phänomen sind die Wasserfälle, die dort entstehen, wo ein Fluss über harten, felsigen Boden fließt. Dort kann der Fluss nur dort Steine aus dem Boden lösen, wo das harte Gestein in weicheres Gestein übergeht. Dadurch entsteht eine Abbruch-Kante in dem Fluss an dem Übergang von dem harten Gestein zu dem weicheren Boden. An dieser Kante kann der Fluss weitere Steine loslösen. Das wird dadurch erleichtert, dass der Fluss, wenn er über eine Kante fließt, durch das herabstürzende Wasser eine tiefe Mulde vor dieser Kante gräbt. Der Fluss trägt nun Stück für Stück diese Abbruchkante ab, wodurch der Wasserfall ganz langsam in Richtung Quelle in den Bergen wandert.

So rückt z.B. der Rheinfall von Schaffhausen ganz langsam rheinaufwärts in Richtung Bodensee weiter. Wenn er ihn eines Tages – in sehr ferner Zukunft – erreicht haben wird, wird der Bodensee leerlaufen und dann zu einem weiten Tal werden, durch das der Rhein fließt. Auch der Rheinfall wird dann verschwunden sein, da er nicht höher ist als der Bodensee tief ist. Doch möglicherweise bildet sich dann ein neuer Wasserfall an der Stelle, an der der Rhein heute in den Bodensee fließt.

Der größte bekannte Wasserfall befand sich vor 1,8 Millionen Jahren an der Straße von Gibraltar. Das hatte eine längere Vorgeschichte:

Vor 5,5 Millionen Jahren hob sich die Erde unter der Straße von Gibraltar durch den Druck des afrikanischen Kontinents, der sich langsam nach Norden hin gegen den europäischen Kontinent schob, allmählich an, wodurch sich schließlich die Straße von Gibraltar verschloss. Durch diesen Druck Afrikas auf Europa entstanden auch die Alpen und der oberrheinische Grabenbruch.

Da das Mittelmeer so groß ist, daß an seiner Oberfläche deutlich mehr Wasser verdunstet als durch die Flüsse in es hineinfließt, sank der Wasserspiegel im Mittelmeer rasch ab und erreichte schließlich einen Stand, der ca. 2.500m unter dem heutigen Meeres-spiegel lag – ähnlich wie heute noch das Tote Meer, dessen Oberfläche 600m unter Normalnull liegt.

Wie im Toten Meer versalzte das „Rest-Mittelmeer", das eine nur noch ca. halb so große Oberfläche wie heute hatte, sehr schnell. Die Flüsse rings um das Mittelmeer stürzten nun einen 2.500m tiefen Steilhang hinab, wodurch tiefe Schluchten in die Küste eingeschnitten wurden. So befindet sich z.B. unter Kairo eine 2.500m tiefe Schlucht mit fast senkrechten Wänden, die später dann wieder von dem Schwemmmaterial des Nils aufgeschüttet worden ist. Diese Nilschlucht war noch ein gutes Stück tiefer und viermal so lang wie der heutige Grand Canyon. Diese Nilschlucht reichte sehr weit nach Afrika hinein – bis in den Sudan – und war für einige Millionen Jahre ein unüberwindliches Hindernis. Selbst in Assuan, das 1.200km von der Mittelmeerküste entfernt liegt, war diese ehemalige Schlucht noch 290m tief.

Aufgrund der Hitze in dem damaligen tiefen Tal des Mittelmeeres und des hohen Salzgehaltes des Wassers (ähnlich dem heutigen Toten Meer) wird das damalige Mittelmeer-Tal zum großen Teil eine Salzwüste gewesen sein. Da sich an der damals freiliegenden, 2.500m hohen Steilküste sehr viele verschiedene Gesteinsarten und verschiedenfarbige Salzablagerungen befanden, wird diese Steilküste genauso malerisch wie die heutigen „painted deserts" in den USA ausgesehen haben. Im Norden und Osten waren die Steilküsten des Mittelmeertales zum großen Teil von Nadelwäldern bewachsen, während im Süden Wüste und Steppe bis hinein in die Sahara die Landschaft prägten.

Die Mittelmeerinseln wie Malta, Sizilien, Korsika, Sardinien, Zypern und Kreta bildeten damals hohe Berge auf dem Festland mit alpiner Flora. Der Ätna ragte zu dieser Zeit 5.800m über den damaligen Meeresspiegel des Mittelmeeres empor. Das Wasser, das aus dem Mittelmeer verdunstete, regnete dann anschließend wieder über der ganze Erde verteilt ab. Das Salz des ehemaligen Wassers des Mittelmeeres blieb jedoch entweder in dem Rest-Mittelmeer zurück (also da, wo es auch heute noch mehr als 2.500m tief ist) und ließ das Wasser so salzig wie heute im Toten Meer werden oder es bildete in den weiten Senken große Salzablagerungen.

Vor 1,8 Millionen Jahren – also zu der Zeit der ersten Menschen – hob sich der Meeresspiegel durch eine Warmzeit deutlich an, weil durch die Wärme die Eiskappen an den Polen und die Gletscher in den Gebirgen teilweise schmolzen. Das hatte zur Folge, dass Wasser aus dem Atlantik durch die Straße von Gibraltar in das 2500m tiefe Tal des heutigen Mittelmeeres, das damals nur noch knapp halb so groß wie heute war, floss. Dadurch entstand für die ca. 100 Jahre, während der sich das Mittelmeer allmählich wieder mit dem Wasser des Atlantiks auffüllte, der größte Wasserfall, den es auf der Erde bisher je gegeben hat. Natürlich fiel das Wasser nicht einfach 2500m gerade nach unten, aber es war schon ein sehr steiler und reißender Fluss aus dem einströmenden Meerwasser des Atlantiks – es war also ein stufenweiser Wasserfall eines Salzwasser-Flusses.

Die tiefen Schluchten, die die Flüsse, die in das Mittelmeer mündeten, in den vergangenen 3,8 Millionen Jahren seit dem Austrocknen des Mittelmeeres gebildet hatten – also vor allem der Nil, die Rhone, der Po und die Donau – wurden dadurch zu langen, tiefen, Fjord-artigen Buchten, die im Fall des Nils 1.500km weit nach Süden hin in Afrika hineinragten.

- - -

Den größten bekannten Fluss auf der Erde gibt es heute nicht mehr – er hat sich, als sich Nordamerika und Südamerika von Afrika und Europa getrennt haben, in den Kongo und in den Amazonas aufgespalten. Vor dieser Trennung war der Kongo der „Quellfluss“ und der Amazonas der Unterlauf desselben Flusses. Da die Anden erst durch das Driften von Südamerika nach Westen entstanden sind, war Südamerika damals auf seiner Westseite noch so flach, dass der Amazonas nicht wie heute von Westen nach Osten floss, sondern von Osten nach Westen – er war der untere Teil des damaligen Kongo/Amazonas.

Der heute größte Fluss (Amazonas) und der heute drittgrößte Fluss (Kongo) waren damals noch ein einziger Fluss.

- - -

Wenn ein Bach in einen Teich fließt oder wenn ein Fluss ins Meer fließt, bilden sich zwei symmetrische Wasserwirbel, die zusammen die Form eines Pilzes haben. Bei der Flussmündung ins Meer bilden diese Wirbel schließlich das Delta aus, das wie eine Halbkugel in das Meer hinausragt.

Wenn mehrere asymmetrische Wirbel hintereinander entstehen, bilden sie insgesamt keinen Pilz, sondern eine Schlangenlinie.

Auch die meisten Pilze haben diese Form, die typisch dafür ist, wenn etwas in etwas eindringt. Die Form des „Pilz-Kopfes“ variiert je nach der Substanz und der Geschwindigkeit dieser Substanz, deren Strömungsbild/Bewegungsbild hier betrachtet wird. Gleichmäßige und ruhige Bewegungen und Umgebungen führen eher zu der „Pilz“-Form – Unregelmäßigkeiten in der Bewegung und der Umgebung führen eher zu der „Schlangenlinien“-Form.

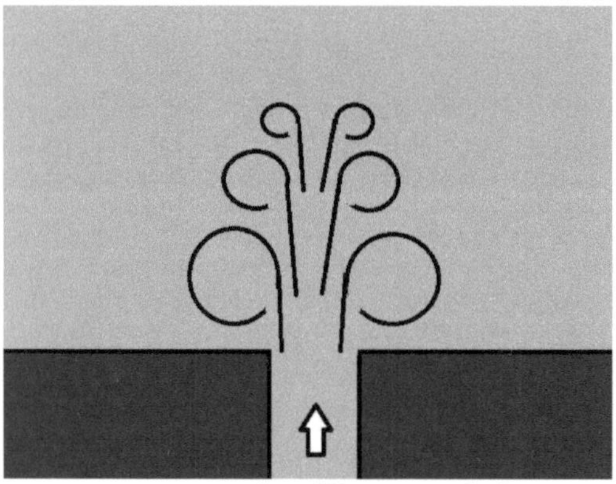

symmetrischer Wasserwirbel: „Pilz“

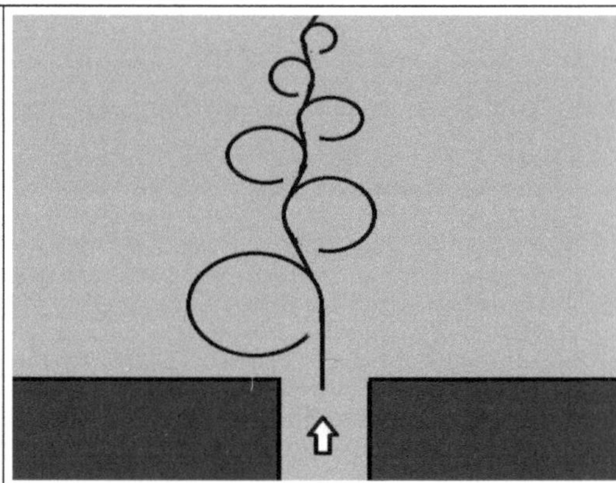

asymmetrischer Wasserwirbel: „Schlangenlinie“

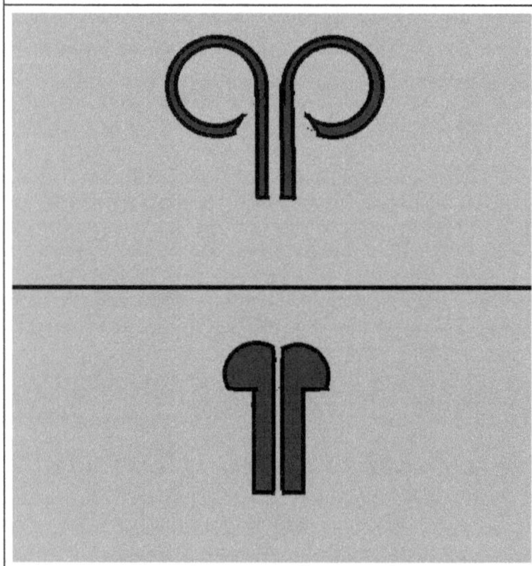

Penis/Eierstöcke: „Pilz“

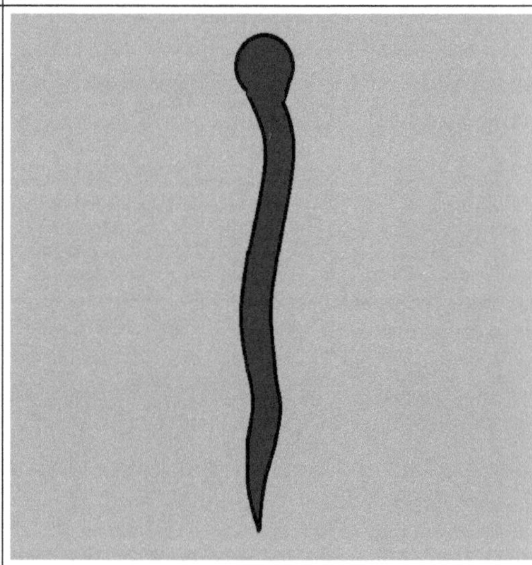

Schlange: „Schlangenlinie“

Diese Wirbel/Pilz-Form sich überall, wo sich eine Substanz in eine andere hineinbewegt: ein Bach in einen Teich, ein Fluss ins Meer, ein Pilz aus dem Boden heraus, aber auch die Form eines Penis und ebenso die Form der Eierstöcke entsprechen dieser Wirbel/Pilz-Gestalt, die sich in der Natur an vielen Stellen wiederfinden lässt.

Die Art der Strömung des Wassers hat nicht nur in der unbelebten Natur und bei den Lebewesen zu der Entwicklung solcher Strömungsformen geführt, sondern sie hat auch viele technische Formen inspiriert, die die Form der Wasserströmung nachahmen oder auf andere Weise ausnutzen: der Bootsrumpf, die Schiffsschraube, der Oloid, die Turbine, das Wasserrad usw.

Drei Bewegungsformen des Wassers, die bisher nicht technisch genutzt worden sind, sind die Form der Wellen, der Meeresströmungen und der Tsunamis.

Auch die Tiere nutzen die Strömungsformen des Wassers wie z.B. die Fische, deren Leib so gestaltet ist, dass sie mit möglichst wenig Widerstand durch das Wasser gleiten können.

Weiterhin können fliegende Fische ihre Flossen als Flügel benutzen; Lachse können mit Schlägen ihres Schwanzes einen Wasserfall hinauf klimmen; und Forellen können, da sie mit 35km/h schneller schwimmen als Menschen laufen können (außer Spitzensportlern wie Usain Bolt), auch bei sehr starken Strömungen noch ruhig an einem Ort im Bach verharren, weil sie dabei eben exakt so schnell schwimmen wie das Wasser fließt.

- - -

Während einer Eiszeit ist viel Wasser auf den beiden Polkappen und in den Gletschern gefroren – dadurch sinkt der Meeresspiegel um 75m. Diese 75m sind das durchschnittliche Maß, das der Meeresspiegel bei einer Eiszeit sinkt, aber wenn noch kälter werden würde, würde der Meeresspiegel auch noch mehr sinken. Diese Polkappen und Gletscher bilden sich durch den Schneefall, wobei dieser Schnee anschließend aufgrund der großen Kälte Jahrtausende lang nicht wieder schmilzt ud sich immer höher aufschichtet.

Wenn hingegen in einer Warmzeit oder durch die menschengemachte Klimaerwärmung alles Eis auf der Erde schmilzt – also sowohl das arktische und antartische Eis als auch die Gletscher – dann steigt der Meeresspiel um 67m.

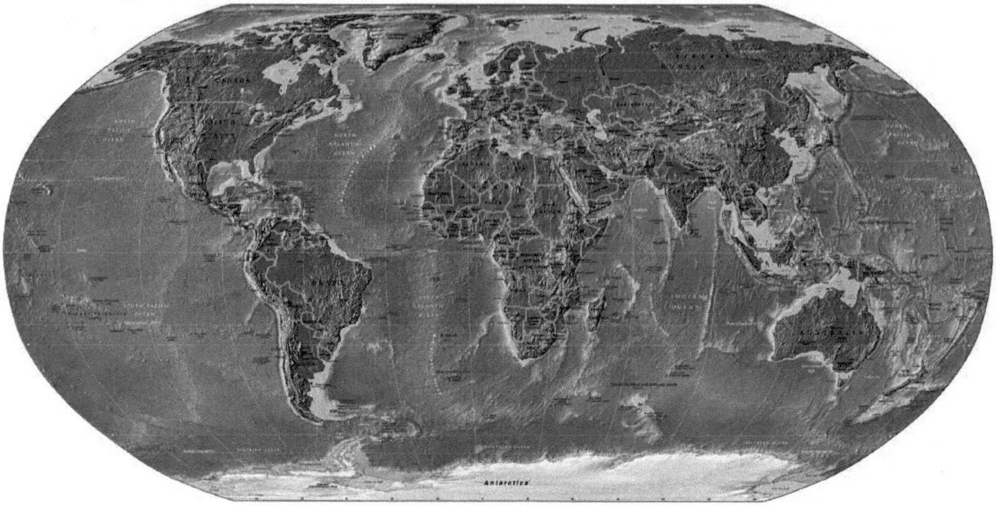

Meeresspiegel heute

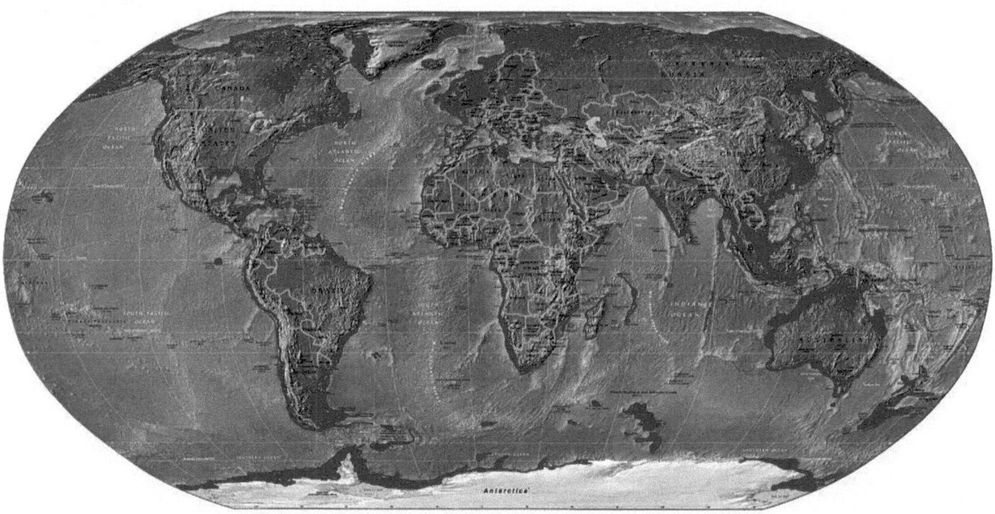

Meeresspiegel Eiszeit (75m niedriger als heute)

der Kontinentalsockel befindet sich fast vollständig über Wasser

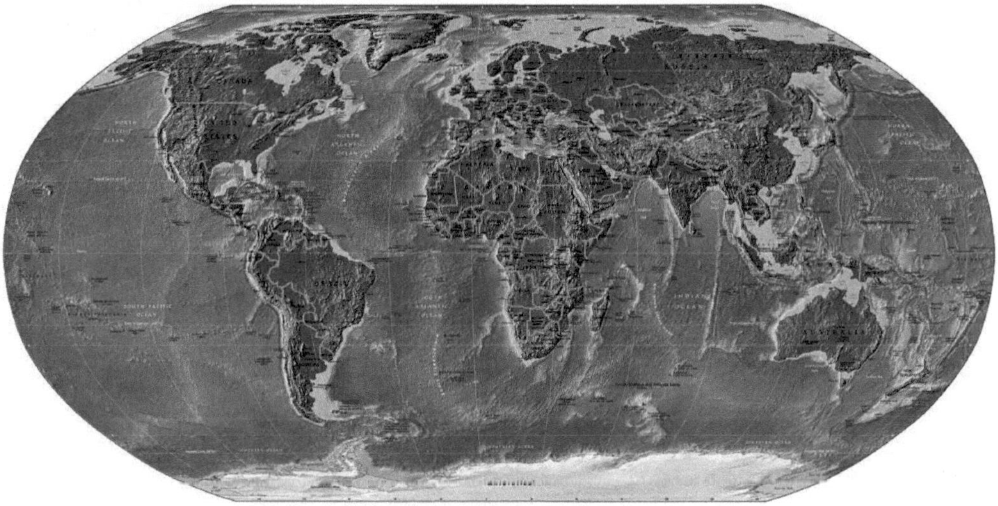

Meeresspiegel heute

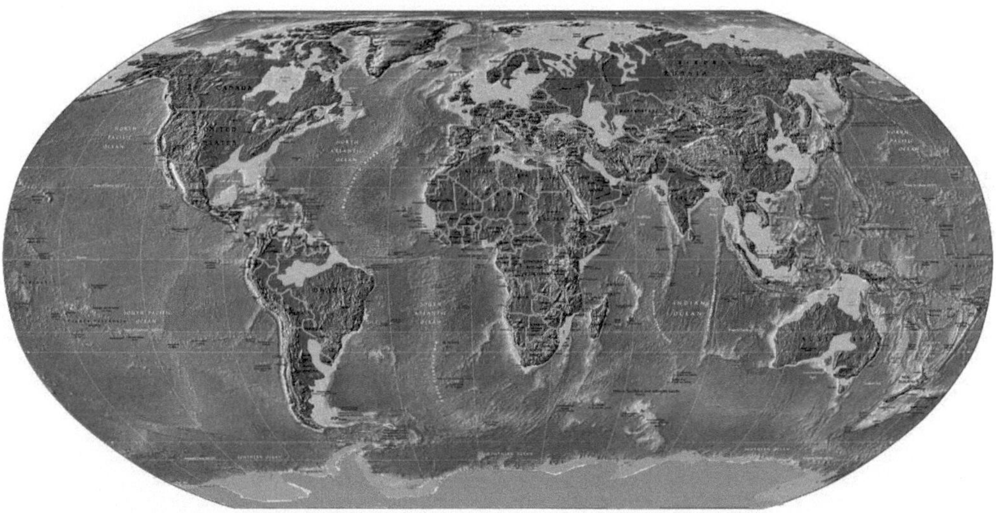

Meeresspiegel Klimaerwärmung (67m höher als heute)

die flachen Küstenebenen sind überflutet

3. Lösungsmittel

♊

Wasser ist dadurch, dass es ein einfaches Molekül und zudem noch ein Dipol ist, ein sehr gutes Lösungsmittel für die meisten Gase, Flüssigkeiten und festen Stoffe. Das bedeutet, dass sich in Wasser ein Gemisch von vielen verschiedenen Stoffen befinden kann, die darin umherschwimmen und sich begegnen und dabei miteinander reagieren können. Um chemische Reaktionen zwischen verschiedenen Stoffen anzuregen, ist ihr Einmischen in Wasser daher der erfolgversprechendste Ansatz.

Auf genau diese Weise hat auch das Leben auf der Erde begonnen. Als die Erde vor 4 Milliarden Jahren soweit abgekühlt war, dass sich flüssiges Wasser bilden konnte, lösten sich in diesem Wasser die damals überall vorhandenen Stoffe auf. Das waren vor allem:

- Wasserstoff (H_2)
- Sauerstoff (O_2)
- Kohlendioxyd (CO_2)
- Kohlenmonoxyd (CO)
- Ammoniak (NH_3)
- Schwefelwasserstoff (H_2S)
- Phosphin (PH_3)

In dieser Ursuppe begann die chemische Evolution, d.h. es entstanden immer komplexere chemische Verbindungen, die z.T. für sich selber Katalysatoren waren und auf diese Weise stabile chemische Kreisläufe entstehen ließen. Diese chemische Evolution ging ab einem bestimmten Komplexitätsgrad dann in die biologische Evolution über.

Die Startenergie stellten die Blitze bereit, die in das Wasser einschlugen – danach folgten Eisenionen, Schwefel und schließlich Phosphor als Energielieferant bzw. Energieträger in diesen chemischen und anschließend biologischen Prozessen.

Der Nobelpreisträger Christian de Duwe hat in seinem Buch „Die Zelle“ diese beiden Evolutions-Abschnitte ausführlich und mit vielen Details, aber immer sehr gut verständlich beschrieben.

In Wasser können viele Gase gelöst werden. Wenn die Flüssigkeit unter Druck steht, kann mehr Gas gebunden werden – wenn der Druck nachlässt, entstehen Bläschen der im Wasser gelösten Gase. Einfacher Versuch: Sprudelflasche schütteln und dann öffnen – das überschüssige Gas entweicht…

Wasser ist auch ein gutes Lösungsmittel für viele feste und flüssige Stoffe sowie für die meisten organischen Verbindungen – die ja schließlich einst in der wässrigen Ursuppe entstanden sind.

Da Wasser ein Dipol ist, ist es auch ein gutes Lösungsmittel für Ionen, also für elektrostatisch geladene Atome.

Wasser kann in Spuren sogar auch wasserunlösliche Verbindungen enthalten.

Natürliches Wasser enthält immer eine Vielzahl von zusätzlichen Stoffen – z.B. das Salz im Meer. Die im Wasser gelösten Feststoffe bestimmen die Wasserhärte – je mehr, desto härter.

Durch Filter kann das Wasser wieder von diesen in ihm gelösten Stoffen gereinigt werden.

Der Kontaktwinkel von Wassermolekülen mit anderen Molekülen ist aufgrund der Molekülform des Wassers bei einer glatten Oberfläche ca. 120°, bei aufgerauten Oberflächen bis 160°. Auf diesem Winkel beruht der „Lotuseffekt“, d.h. das Abperlen von Wasser von den Blättern des Lotus und anderer Wasserpflanzen wie z.B. auch der Seerose. Die Wassermoleküle können an diesen Blättern nicht „andocken“.

Für die Eigenschaften des Wassers ist auch seine große Beweglichkeit von Bedeutung: Zum einen können sich die im Wasser gelösten Gase, Flüssigkeiten und Feststoffe frei bewegen – zum anderen kann sich auch das Wasser selber auf der Erde frei bewegen, d.h. es steigt als Dampf auf und fließt auf der Erde und in den Meeren so gut wie überall hin, wodurch es viele andere Stoffe aufnehmen kann.

Diese Eigenschaften machen das Wasser zur „Gebärmutter des Lebens“.

4. Cluster

♋

Die Dipol-Verkettung der Wassermoleküle miteinander, also die Wasserstoffbrückenbindung zwischen den Wassermolekülen führt zu einer „Clusterbildung". Diese Cluster bilden sowohl lange Ketten als auch Ringe und verschiedene symmetrische Körper. Dabei ist jedes Wassermolekül von drei anderen Wassermolekülen umgeben: Ein H-Atom eines zweiten Wassermoleküls ist nah bei dem O-Atom des ersten Wasser-Moleküls und jeweils ein O-Atom eines dritten und vierten Wassermoleküls nah bei den beiden H-Atomen des ersten Wasser-Moleküls.

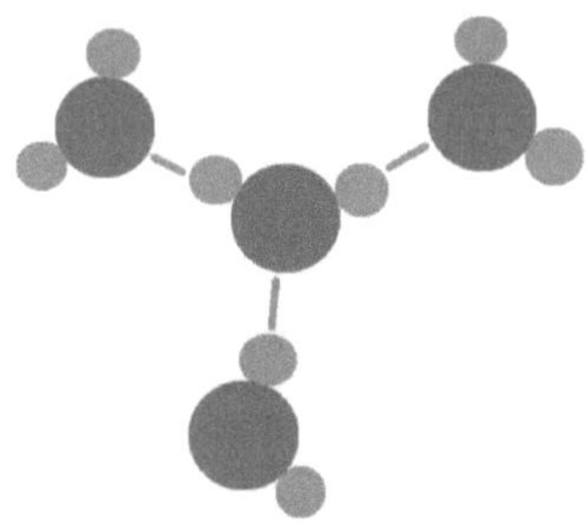

Da eine Wasserstoffbrückenbindung nur 1^{-12} Sekunden lang stabil ist, also nur den Millionsten Teil einer Millionstel-Sekunde lang lebt, ist es extrem schwierig, diese Cluster zu beobachten und konkrete Aussagen über sie zu treffen. Alle Cluster verwandeln sich innerhalb einer Sekunde 1.000 Milliarden-mal. Das erlaubt den Wasserstoffbrückenbindungen zwar, den Zusammenhalt zwischen den Wassermolekülen deutlich zu erhöhen, sodass der Schmelzpunkt und der Siedepunkt des Wasser ungewöhnlich hoch liegt, aber es macht eben auch beständige Clusterbildungen im Wasser vollkommen unmöglich. Cluster sind „Formen im Fluss".

Die Clusterbildung der Wasser-Moleküle sind – wie alle neuen Entdeckungen in der Physik wie Äther, Schwingungen und Quarks – auch zur Erklärung von verschiedenen Eigenschaften des Wassers wie z.B. für das „Wasser-Gedächtnis" herangezogen worden. Doch da diese Wassermolekül-Cluster ausgesprochen instabil sind, eigenen sie sich eben auch ausgesprochen schlecht für die Erklärung irgendwelcher beständiger Eigenschaften des Wassers wie des „Wasser-Gedächtnisses".

Dieses Gedächtnis des Wassers muss – wenn es nachgewiesen werden kann – eine andere Grundlage haben als die Clusterbildung des Wassers.

Die Annahme, dass Druck in einer Wasserleitung die Qualität des Wassers verändert, da dieser Druck zu vermehrter Clusterbildung führt, die dann anschließend das Wasser „starrer" werden lässt, lässt sich so nicht halten. Wenn eine Veränderung der Wasserqualität nach dem Durchfließen eines Rohres unter Druck feststellbar sein sollte, muss diese Qualitätsveränderung anders erklärt werden.

Daher kann auch die belebende Wirkung eines Oloids auf die Wasserqualität nicht auf das Auflösen von Wasser-Clustern zurückgeführt werden – zum einen nicht, weil Wasser gar nicht anderes kann, als ständig Cluster zu bilden (sogar in Wasserdampf und in Eis) und zum anderen, weil sich die Form der Wassercluster in einer Sekunde 1.000 Milliarden-mal verändert.

5. Kreislauf

♌

Wasser und wässrige Flüssigkeiten neigen dazu, Kreisläufe zu bilden. Diese Kreisläufe, die auch „Konvektionsströmungen“ genannt werden, werden alle durch eine externe Energiequelle angetrieben.

- Der grundlegende Wasserkreislauf auf der Erde wird durch die Sonne angetrieben, der Meerwasser verdunsten und als Dampf aufsteigen lässt. Dieser Kreislauf hat die folgenden Schritte: Meer – Verdunstung – Wasserdampf – Wolken – Regen – Versickern – Grundwasser – Quelle – Bach – Fluss – Strom – Meer.

- Auch die Meeresströmungen werden durch die Sonne in Gang gesetzt. Dieser Kreislauf hat die folgenden Schritte: Meerwasser wird in Äquatornähe durch die Sonne erwärmt – das warme Meerwasser fließt von der Äquatorgegend oberhalb des kühlen Meerwassers nach Norden und nach Süden in die Richtung der Pole – das warme Meerwasser kühlt in der Nähe der Pole ab und sinkt nach unten – das kalte Wasser strömt unter dem warmen Wasser zurück in Richtung Äquator – am Äquator wird das kalte Wasser erwärmt, das dadurch nach oben steigt.

- Das warme Wasser dieser Meeresströmungen wie z.B. der Golfstrom, sorgt dafür, dass auch nördlichere Gegenden wie Europa nicht arktisch kalt, sondern gemäßigt warm sind.

- Der grundlegende Kreislauf in Menschen und Tieren ist der Blutkreislauf, der durch das Herz angetrieben wird. Seine Schritte sind: Pumpen durch das Herz in die Adern – Aufnahme von Sauerstoff in der Lunge – Aufnahme von chemischen Produkten in der Leber – Abgabe dieser Stoffe an die Zellen – Aufnahme von Abfallprodukten aus den Zellen – Reinigung in der Niere – Rückfluss zum Herzen.

- In der Industrie gibt es in zunehmendem Maße geschlossene Wasserkreisläufe statt des offenen Durchlaufs von Wasser wie es früher üblich gewesen ist. Diese Kreisläufe haben die folgenden Schritte: Pumpe – Verwendung und dadurch Verunreinigung oder Erhitzen des Wassers – Reinigen oder Abkühlen des Wassers – Pumpe. Allerdings gibt es diese geschlossenen Wasserkreisläufe in der Industrie noch bei weitem nicht so oft, wie es im Sinne des Umweltschutzes wünschenswert wäre.

Diese Kreisläufe sind die innere Dynamik des Wassers, die einer bestimmte Menge Wasser – die manchmal auch die Gesamtheit des Wassers auf der Erde umfasst – einen bestimmten Ablauf, eine Geschichte, einen Rhythmus gibt.

Die Bilder in diesem Buch sind dem Wasserkreislauf entsprechend geordnet: Sie beginnen mit den Wolken, führen dann über Regen, Nebel, Schnee und Eis weiter zu den Quellen, Gletschern und Geysiren, dann folgen die Bäche, die Seen, die Staudämme und Brücken und schließlich erreichen die Flüsse das Meer. Dieser Kreislauf ist unten noch einmal schematisch dargestellt.

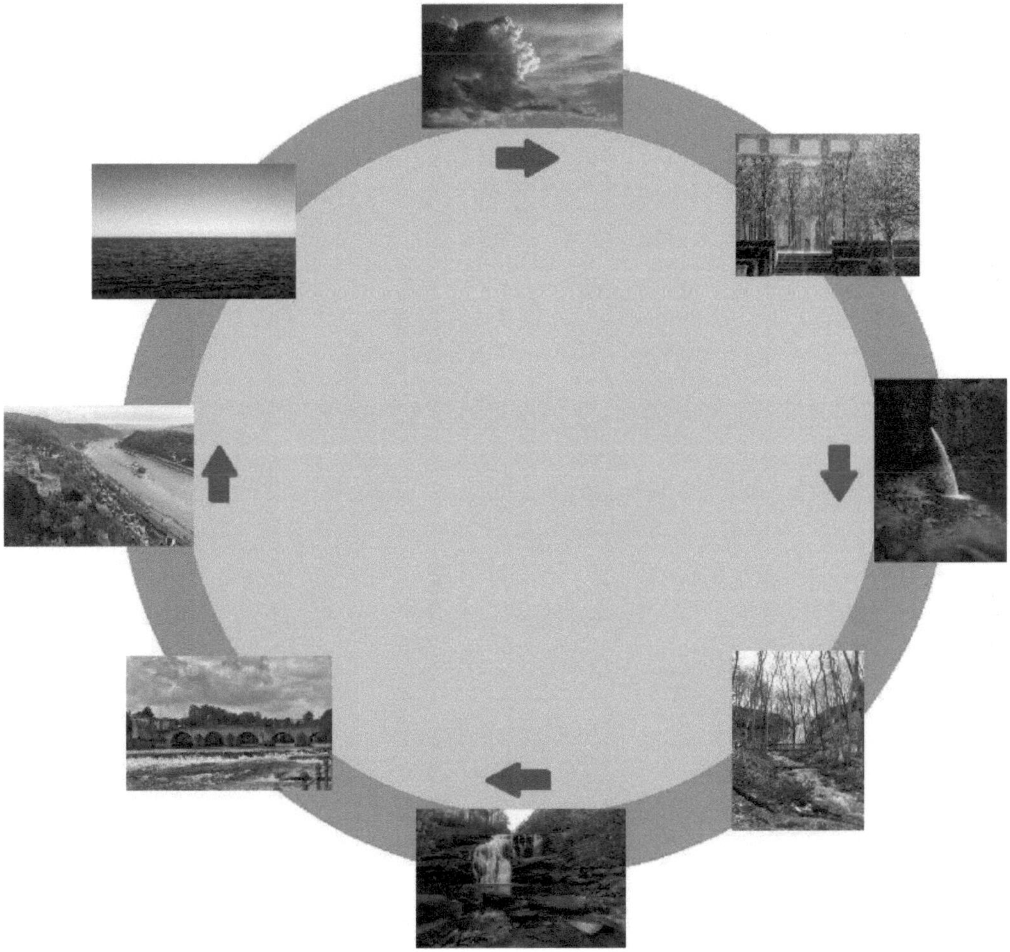

6. Prägung

♍

Wasser hat eine erstaunliche Eigenschaft, die man nicht auf physikalische Weise erklären kann: Wasser hat ein Gedächtnis.

Dieses Gedächtnis lässt sich auf verschiedene Weise nachweisen:

- Man stellt ein Glas Wasser auf einen Tisch und ein Stück daneben noch ein zweites solches Glas mit dem gleichen Wasser. Unter eines der beiden Gläser legt man das Muster, das „Blume des Lebens" genannt wird. Beide Gläser sind mit einer „1" und einer „2" oder ähnlichem gekennzeichnet.

  Nach zehn Minuten lässt man eine andere Person beide Wasser probieren. Man kann auch einen Doppelblindversuch machen und beide Wassergläser einem zweiten geben, der dann mit den Gläsern in ein anderes Zimmer gibt und sie dort einem dritten zu trinken gibt.

  Die allermeisten werden das Wasser, dass auf der „Blume des Lebens" gestanden hat, deutlich angenehmer finden.

- Denselben Versuch kann man auch mit Wasser, in das man Edelsteine gelegt hat, durchführen. Dafür benutzt man in der Regel solche Steine, die in der Steinheilkunde eher sanfte, allgemeine Wirkungen haben wie Bergkristall, Rosenquarz, Amethyst und Orangencalcit.

Die Wirkung ist dieselbe: Die meisten Menschen werden das „Kristallwasser“ vorziehen. Natürlich liegen die Steine beim Probieren nicht mehr in dem Wasserglas.

Dieses „Kristallwasser“ ist mittlerweile recht beliebt geworden – zumal man es einfach bei sich daheim herstellen kann. Für Heilzwecke sollte man jedoch lieber einen Steinheilkundigen nach den passenden spezielleren Kristallwassern fragen.

Es ist offensichtlich, dass auch das Gestein, durch das das Wasser fließt, bevor es als Quelle an die Oberfläche sprudelt, sowie die Wasserleitungen und die Wasserbehälter einen ähnlichen Einfluss auf die Wasserqualität haben wie die bewusst in das Trinkwasser gelegten Kristalle.

- Während man bei dieser Versuchsanordnung noch von einer physikalischen oder chemischen Veränderung des Wassers durch die Steine ausgehen kann, ist ein solcher Zusammenhang bei der folgenden Versuchsanordnung unmöglich:

  Rings um ein Glas Wasser oder um einen Krug Wasser werden vier Steine gelegt – z.B. Rosenquarz. Dann wird zwischen die vier Rosenquarze und das Wasserglas jeweils eine Bergkristallspitze so gelegt, dass ihre Spitze zu dem Wasserglas weist.

  Die Wirkung auf die Trinker ist dieselbe: Sie ziehen das Kristallwasser dem „Normal-Wasser“ vor.

- Man kann eine Flasche Wasser an Vollmond an einer Quelle abfüllen und eine andere Flasche Wasser an derselben Quelle an einem anderen Tag.

  Das Vollmond-Wasser wird von den meisten als kraftvoller empfunden.

Die Prägung des Wassers kann – außer bei der ersten Kristallwasser-Version – nicht auf physikalisch-chemischem Wege geschehen. Die Prägung muss also entweder durch eine Analogie-Wirkung entstehen oder durch Telepathie zwischen dem Wasser und dem Muster oder den Kristallen bzw. dem Mond.

Dieser Prägungsvorgang entspricht u.a. der Herstellung homöopathischer Heilmittel. Auch die „Prägung“ des Menschen durch sein Horoskop ist eine solche Prägung, die auf einer Analogie beruht: dem Gleichnis zwischen dem Stand der Planeten zum Zeitpunkt der Geburt und dem Charakter des Menschen. Der Planetenstand entspricht dem Zettel mit der „Blume des Lebens“ unter dem Wasserglas; der durch die Planeten geprägte Mensch entspricht dem durch die „Blume des Lebens“ geprägten Wasser.

Solche Prägungen findet man auch bei Talismanen, Amuletten, geweihten Gegenständen u.ä.

Eine weitere Möglichkeit, die Prägung des Wassers nachzuweisen, sind Kristallisationsbilder. Dabei wird ein Glas Wasser durch Bilder, Musik, Edelsteine oder sonst etwas geprägt und anschließend gefroren. Die dabei entstehenden Kristallisationsbilder – also die „Eisblumen" – unterscheiden sich deutlich und entsprechen dem Charakter der Prägung.

Es gibt noch eine weitere Methode, bei der sich Muster bilden, die mit Übung zutreffend gedeutet werden können: die Kirlian-Photographie. Dabei wird ein Mensch „unter Strom gesetzt" und dann das elektrische Feld fotografiert – in den meisten Fällen das elektrische Feld der Finger. Dieses Verfahren kann zur Diagnose verwendet werden. In der Medizin werden solche Methoden „bildgebende Verfahren" genannt.

Diese Photographien sehen nicht genauso aus wie die Eis-Kristallbilder, aber die grundlegende Art der Deutung ist dieselbe: Es entstehen Muster, die symmetrisch, asymmetrisch, gebrochen, zerfleddert, verschwommen, scharf, spitz usw. sein können. Mit ausreichend Erfahrung und Übung kann man schließlich anhand dieser Muster den Zustand des betreffenden Menschen erkennen.

Dieses „Muster-Erkennungs-Verfahren“ wird auch bei der Fußmassage, dem Handlesen, der Irisdiagnose, der Ohrdiagnose u.ä. angewendet. Es gibt stets eine normale/gesunde Standard-Grundform – alle Abweichungen von ihr lassen sich mit ausreichender Erfahrung als Charaktereigenschaften und evtl. auch als Krankheiten deuten.

Wasser kann auch noch auf zwei andere Weisen mit erwünschten Eigenschaften geprägt werden. Das eine dieser Verfahren ist die Verwirbelung, d.h. man lässt das Wasser so fließen, dass es einen Wirbel bildet – z.B. indem man es schräg gegen eine Verdünnung in einem Rohr fließen lässt, die wie zwei mit der engen Stellen zusammengefügte Trichter aussieht.

Die andere Methode ist die Anreicherung mit Lebenskraft, die auch „Vitalismus“, „Od“, „Prana“ oder „Orgon“ genannt wird. Dazu kann man u.a. das Wasser von Sonnenlicht oder Mondlicht bescheinen lassen oder den von dem Freud-Schüler Wilhelm Reich entwickelten Orgon-Akkumulator benutzen. Es gibt auch Versuche mit ultrastarken Magneten, die die Kalkstruktur weicher werden lassen.

Man kann mithilfe eines Oloids Wasser verwirbeln. Diese Form lässt sich auch für Schiffsantriebe, Pumpen, Michgeräte u.ä. verwenden. Die Doppel-Kreisel-Bewegung des Oloids findet sich auch intuitiv beim Mischen von Säften oder Pulvern (Zimt und Zucker), als Handgelenks-Übung im Reha-Training und in anderen Zusammenhängen.

Diese Möglichkeit der Prägung des Wassers lässt sich auf die verschiedensten Weisen auch zur Wasserverbesserung verwenden.

- - -

Die Resonanzfrequenz von Wasser beträgt 22,23508 Ghz (1 Ghz = 1 Milliarde Hertz). Auch alle ganzzahligen Vielfachen davon sind Resonanzfrequenzen des Wassers.

Da der Mensch zu ca. 60% aus Wasser besteht, wäre es denkbar, dass sich diese Frequenz zur Heilung verwenden lassen könnte. Mir sind allerdings noch keine Versuche in dieser Richtung bekannt.

7. Trinkwasser

♎

Nur 3% des Wassers auf der Erde ist Süßwasser. Das liegt daran, dass Wasser ein so gutes Lösungsmittel ist. Dadurch nimmt es Salze und Mineralien auf, die es durch die Bäche und Flüsse in das Meer schwemmt, in dem sich diese Stoffe anreichern. Wenn das Wasser durch die Einwirkung der Sonnenstrahlen verdunstet und Wolken bildet, wird es wieder zu reinem Wasser ohne die im Meerwasser gelösten Stoffe. Daher ist der Regen dann Süßwasser, also Wasser fast ganz ohne in ihm gelöste Mineralien und Salze. Das Wasser, das dann in der Erde versickert und schließlich als Quellwasser wieder an die Oberfläche kommt, enthält in den meisten Fällen nur so viel Mineralien, dass es dem Wasser ein wenig Geschmack gibt. Es gibt natürlich auch Schwefelquellen u.ä. Heilquellen, in denen das Wasser durch die große Menge der in ihm gelösten Mineralien und Salze einen ziemlich heftigen Geschmack hat.

Diese 3% Süßwasser auf der Erde sind insgesamt 3,6 Millionen km³ Wasser – einschließlich Seen, Gletscher und Polkappen. Das ist ein Würfel mit einer Seitenlänge von 155 km.

Das Wasser ist die Grundlage für die Pflanzen; das Wasser und die Pflanzen sind die Grundlage für die pflanzenfressenden Tiere; und Wasser, Pflanzen und Pflanzenfresser sind die Grundlage für den Menschen.

Dabei brauchen die Pflanzen, die Tiere und die Menschen, die an Land leben, Süßwasser, während die Pflanzen und Tiere im Meer Salzwasser benötigen – wobei einige Meeresbewohner wie die Lachse, Störe und Aale sowohl Salzwasser als auch Süßwasser vertragen.

Die größte Biomasse auf der Erde ist nicht an Land, sondern im Wasser. Von dieser Gesamt-Biomasse – die durchgehend zum größten Teil aus Wasser besteht – sind 82% Pflanzen, 13% Mikroorganismen und 5% Tiere und Pilze. Von dieser Biomasse entfallen lediglich 0,01% auf die Biomasse der Menschen, also auf ihre Körper.

Auch in unserer Nahrung ist Wasser enthalten – allerdings kann der Wassergehalt sehr unterschiedlich sein. Er reicht von 18% bei der Butter über 40% beim Brot und 65% beim Fleisch bis zu 98% bei der Tomate.

Der Mensch besteht zu ca. 60% aus Wasser – beim Kleinkind sind dies 75%, beim alten Menschen nur noch 45%. Das bedeutet, dass er regelmäßig trinken muss, da er durch Atmung, Verdunstung und Ausscheidung ständig Wasser verliert. Trinkt ein

Mensch zu wenig, verdurstet er – trinkt er zu viel (über 20 Liter/Tag) schwemmt er zu viele Salze aus und stirbt durch „Ertrinken an Land".

Der tägliche Wasserbedarf ist umstritten, meist werden jedoch 1,5 Liter angegeben. Das ergibt in 80 Jahren 44.000 Liter, d.h. $44m^3$. Das ist lediglich ein Würfel von 3,5m Seitenlänge.

Allerdings verwenden die Menschen Wasser nicht nur zum Trinken, sondern auch zum Baden, zum Schwimmen, für Heilbäder, für Kneippkuren, für die Sauna, zum Waschen, zum Körperwaschen, als Toilettenspülung usw.

Neben diesen direkten Arten der Wasserverwendung gibt es auch noch die indirekten Arten des Verbrauchs. Dazu zählen z.B. Dampfmaschinen oder Kühlwasser. Der größte Bedarf findet sich jedoch in der Industrie.

Ein weiterer Bereich, der einen großen Wasserbedarf hat, ist die Landwirtschaft, wobei der größte Teil davon auf das Bewässern der Felder entfällt. Ca. 20% dieses Wasser verdunstet wieder – entweder direkt von der Erde oder durch die Pflanzen.

Der Jahresbedarf der Menschen heute an Wasser beträgt 4.379 km^3. Die Grenze des nachhaltigen Verbrauchs ist jedoch 4.000 km^3. Dieser nachhaltige Verbrauch wird bereits um 10% überschritten.

Wenn man diese 4.379km^3 Wasser auf die 8 Milliarden Menschen umrechnet, kommt man auf ca. 550 m^3 Wasser pro Person und Jahr – das sind ca. 1,5 m^3 bzw. 1.500 Liter pro Tag. Nur 0,1% dieses Trinkwassers, das jeder von uns pro Tag verbraucht, wird tatsächlich getrunken. Dabei muss noch beachtet werden, dass der Wasserverbrauch pro Person in den Industrieländern deutlich höher liegt als in den ärmeren Ländern.

Alleine die BRD hat 1991 47,9 Milliarden m^3 Wasser verbraucht:

29,0 Milliarden m^3 Wasser als Kraftwerk-Kühlwasser
11,0 Milliarden m^3 Wasser in der Industrie
6,5 Milliarden m^3 Wasser als Haushaltswasser
1,6 Milliarden m^3 Wasser in der Landwirtschaft

Die Qualität des Wassers und des Trinkwassers. ist an verschiedenen Orten recht unterschiedlich:

- Das gesündeste und schmackhafteste Wasser ist frisches Quellwasser, in dem die Mineralien noch nicht durch den Kontakt mit der Luft oxydiert sind.

- In Hochgebirgs-Ländern wie der Schweiz ist das zur Verfügung stehende Wasser noch weitgehend unbelastet und rein.
- In Mittelgebirgs-Ländern wie der BRD, in der das Regenwasser in Talsperren und Tiefenwasser, das wiederum zum großen Teil aus dem Rhein stammt, als Trinkwasser verwendet wird, hat das Wasser an den verschiedenen Orten eine sehr unterschiedliche Qualität.
- In Flachland-Ländern wie den Niederlanden, in denen das ganze Wasser letztlich Tiefenwasser ist, das wiederum aus dem Rhein oder der Maas stammt, enthält das Wasser allerlei Chemikalien und Pharma-Produkte wie z.B. solche, die u.a. aus der Antibaby-Pille stammen und die weiter rheinaufwärts von Menschen verwendet worden sind und dann als Abwasser oder über den Urin und die Kläranlagen in den Rhein gelangt sind.

Das Leitungswasser, das ja auch als Trinkwasser verwendet wird, wird oft durch Behandlung mit Chlor oder Ozon gereinigt und desinfiziert.

Zwei Drittel der Menschen haben nicht das ganze Jahr über genügend Wasser zur Verfügung und über 600 Millionen Menschen haben nur Zugang zu verschmutztem Wasser, das krank machen kann.

Die UN hat zwar 2010 den Zugang zu gesundem Wasser und sanitärer Versorgung zum Menschenrecht erklärt – doch die Umsetzung ist noch nicht allzu weit gediehen.

Die Knappheit des Wassers und seine Wichtigkeit vor allem beim Bewässern der Felder hat dazu geführt, dass das Wasserrecht in China, Ägypten, Mesopotamien und Indien zu einem der frühesten präzise ausformulierten Rechte gehört. Diese frühen Königreiche, in denen diese Wasserrechte festgelegt worden sind, sind vor allem aus der Notwendigkeit heraus gegründet worden, die Bewässerung der Felder großräumig durch Stauungen, Kanäle u.ä. zu regeln. Nur durch eine solche systematische und vorausschauende Wasserwirtschaft konnten Hungersnöte vermieden werden. Die frühen Königreiche waren also – ein wenig poetisch formuliert – „Kinder des Wassers".

Warmes bis heißes Tiefenwasser kann auch als Energiequelle verwendet werden. Dabei werden Geysire, Thermalquellen und Tiefenbohrungen benutzt. Durch den hohen Druck tiefer unten in der Erde bleibt Wasser bis in 500km Tiefe trotz der Hitze dort unten flüssig.

Angesichts des sich steigernden Wassermangels wird zunehmend versucht, Meerwasser zu entsalzen und es dadurch zu Trinkwasser zu machen. Auf diese Weise werden bereits heute – vor allem in Katar und in den Vereinigten Arabischen Republiken

– hunderte Millionen Menschen mit Wasser versorgt. Die einfachste Methode ist dabei die Verdampfung von Meerwasser. Allerdings sind die dabei entstehende Rückstände, die aus Salz, Kupfer, Schwermetallen, Bioziden u.a. zum Teil sehr giftigen Stoffen bestehen, problematisch. Wenn sie einfach ins Meer zurückgeleitet werden, senken sie dort den Sauerstoffgehalt des Wassers und töten auf diese Weise die Mikroorganismen, Pflanzen und Tiere im Meer. Zudem ist die Meerwasserentsalzung sehr energieintensiv.

8. Klimakrise

♏

Das Wasser ist das zentrale Element fast aller Wetterphänomene, da es zum einen so beweglich ist und zum anderen so viel Wärme speichern kann:

- Ohne die Beweglichkeit des Wassers gäbe es nicht so viel Verdunstung, kaum Wolken, kaum Regen, Nebel, Schnee, Hagel – dann wäre Leben auf der Erde nur im Wasser möglich. Das Land wäre nur eine kahle Felswüste.

- Ohne die hohe Wärmespeicherfähigkeit des Wassers könnten die Meere nicht so viel Sonnenwärme speichern, was zu stärkeren Tag/Nacht-Wärmeunterschieden und zu stärkeren Sommer/Winter-Wärmeunterschieden führen würde. Außerdem sorgen die warmen Meeresströmungen, die vom Äquator kommen, für die Erwärmung der nördlichen und südlichen Gebiete auf der Erde. Ohne den Golfstrom wäre es in Europa so kalt wie in Sibirien.

Durch die Klimaerwärmung in den letzten 100 Jahren, die seit 10 Jahren rapide zunimmt, besteht jedoch die Gefahr des Zusammenbruchs dieser warmen Meeresströmungen, was einen teilweisen Zusammenbruch der Landwirtschaft in Europa zur Folge haben würde.

Zudem führt die Klimaerwärmung auch dazu, dass es häufigere und größere Wetterextreme wie Starkregen, Überschwemmungen, Dürreperioden und Stürme gibt – was sich noch weiter steigern wird. Zudem versiegen durch den Klimawandel immer mehr Süßwasserquellen.

Weiterhin gibt es aufgrund der Klimaerwärmung schon jetzt in einigen Gebieten der Erde eine steigende Wasserknappheit. Wenn die Durchschnittstemperatur auf der Erde um 3°C steigt, werden nicht nur wie heute 3% der Menschen unter extremer Wasserknappheit leiden, sondern 10%. Das sind statt 240 Millionen Menschen in den heutigen wasserarmen Wüstengebieten dann 800 Millionen Menschen. Den dadurch entstehenden Streit um das Wasser und die durch den Wassermangel entstehende Migration, die sehr viel größere Ausmaße als heute annehmen würde, kann man sich unschwer ausmalen.

Wenn 10% der Menschen vom Verdursten und vom Verhungern durch Wassermangel bedroht sein werden, ist es sehr unwahrscheinlich, dass es dann noch eine friedliche Lösung geben wird. Die Tendenz zum Abschotten der reichen/wasserreichen Länder gegen die armen/wasserarmen Länder hat ja bereits begonnen.

Die Klimakrise und die mit ihr zusammenhängende Wasserknappheit ist auf zwei Arten mit der Überbevölkerung der Erde durch die Menschen verbunden:

- Zum einen wird durch die heute 8 Milliarden Menschen deutlich mehr CO_2 ausgestoßen als die 2 Milliarden Menschen vor 100 Jahren – wodurch die Klimaerwärmung überhaupt erst in Gang gesetzt worden ist.

- Zum anderen verbrauchen die Kraftwerke und die Industrie große Mengen an Wasser, wodurch das schon heute knappe Wasser noch mehr zu einem kostbaren Gut wird.

Die langfristigen Wasser-Lieferverträge der Industrie mit den Ländern und Gemeinden werden in absehbarer Zeit nicht mehr erfüllt werden können, ohne dass die Menschen in den Haushalten nicht mehr genügend Wasser haben werden.

Es ist im Grunde eine ganz einfache, nur im Zusammenhang mit uns Menschen ziemlich unangenehme Einsicht, die hier gebraucht wird: Wenn auf einer Weide 10 Pferde genug zu fressen haben, werden 100 Pferde auf derselben Weide hungern müssen und teilweise an Hunger sterben. Auch die Erde ist wie solch eine Weide mit begrenzt viel „Futter“ und begrenzt viel „Wasser“ – auf ihr können nicht beliebig viele Menschen leben.

Zudem stampfen 100 Pferde auf einer Weide auch ziemlich schnell den Boden so fest, dass auf ihm kein Gras mehr wächst. Durch den großen Ausstoß von CO_2 und anderen Klimagasen machen wir gerade etwas Ähnliches wie die 100 Pferde auf der Weide: Wir zerstören durch die große Zahl an Menschen unsere eigene Lebensgrundlage.

Es gibt zwar Berechnungen, nach denen die Menschheit, wenn sie in einigen Jahrzehnten 10 Milliarden erreicht haben wird, anschließend wieder schrumpfen wird – aber ob das wirklich so sein wird und falls ja, ob das früh genug sein wird, ist fraglich.

Das Süßwasser ist unser Lebenselixier und der Streit um das Wasser ist ein Teil des größeren Themas der Überbevölkerung und der Klimaerwärmung.

9. Verwendung

♐

Wasser ist Lebensgrundlage der Menschen auf der Erde – und auch aller anderer Lebewesen: Pflanzen, Tiere und Pilze. Diese Lebewesen finden sich sowohl im Wasser als auch auf dem Land. 80% der Erdoberfläche ist von Wasser bedeckt, wobei sich die Meere vor allem auf der Südhalbkugel der Erde bzw. in der Pazifik-Hälfte der Erde befinden.

Die wichtigste Verwendung des Wassers für den Menschen ist das Trinken. Es ist folglich notwendig, überall für gutes Trinkwasser zu sorgen. Das ist – wie bereits erwähnt – vor allem eine Frage der Überbevölkerung und der damit zusammenhängenden Industrie, die die Klimaerwärmung und die Verschmutzung der Flüsse und des Grundwassers bewirkt. Diese Verschmutzung ist zwar bei weitem nicht mehr so schlimm wie noch 1970, als man dieses Problem erkannte, aber von einem gesunden Wasser in den Flüssen und einem gesunden Grundwasser kann noch immer nicht die Rede sein.

Das Wasser dient seit mindestens 40.000 Jahren auch für die Schifffahrt auf Flüssen, Seen und dem Meer – möglicherweise auch schon doppelt so lange. Vor 40.000 Jahren überqueren die damaligen Menschen in Booten z.B. die damals 100km breite Meerenge zwischen Asien und Australien.

Seit 3000 v.Chr. wurden Wasserräder als Schöpfräder für die Bewässerung der Felder benutzt.

Um ca. 600 v.Chr. wurden in Ägypten, Mesopotamien und China die ersten größeren Bewässerungskanäle erbaut. Kleinere Kanäle gab es jedoch schon ca. 2000 Jahre länger. Seit 600 v.Chr. gibt es auch die ersten Wasser-führenden Tunnel durch Berge sowie die ersten Aquädukte. Vermutlich gab es auch hier schon länger kleinere Vorläufer.

Seit 500 v.Chr. gibt es Wasserräder, die auch als Wassermühlen, Sägewerke und Hammerwerke in Gebrauch waren.

Um ca. 1650 wurden in England die ersten Wasserräder erbaut, die die Strömung von Ebbe und Flut benutzt haben.

1750 begann die Industrielle Revolution, die damals jedoch noch keine nennenswert größeren Mengen an Wasser benötigte.

1850 begann die Industrielle Revolution zu einem Massenphänomen zu werden, das auch größere Mengen an Wasser verbrauchte und zudem durch die in den Fabriken verbrannte Kohle weit größere Mengen an CO_2 ausstieß als zuvor.

1878 wurde das erste kleine Wasserkraftwerk erbaut, das damals lediglich den Landsitz Cragside in Nordengland mit Strom versorgte.

1950 begann das „Goldene Industrie-Zeitalter", das den Verbrauch an Wasser und den Ausstoß von CO_2 noch einmal sehr stark gesteigert hat.

1966 wurde an der Mündung des Rance bei St. Malo an der Nordostküste der Bretagne das erste Gezeitenkraftwerk erbaut, das anstelle des fließenden Wassers in einem Fluss das fließende Wasser beim Wechsel von Ebbe und Flut nutzt.

1970 hatte das „Goldene Industriezeitalter" zu einer massiven Verschmutzung von Land, Wasser und Luft geführt.

2000 hatte das „Goldene Industriezeitalter" schließlich zu dem Beginn der Wasserknappheit und der Klimaerwärmung geführt, die heute zwei der größten Probleme der Menschheit sind.

Das Recht auf Wasser ist ein Menschenrecht. Um den weltweiten Herausforderungen bei der Umsetzung dieses Rechts zu begegnen, wurde in der 66. Generalversammlung der Vereinten Nationen (VN) die UN-Wasserdekade beschlossen. Sie findet vom 22. März 2018 bis zum 22. März 2028 statt.

Möglicherweise wird Wasserstoff, der durch Elektrolyse z.B. mittels Photovoltaik aus Wasser gewonnen wird, zu dem wichtigsten sekundären Energieträger – also zu dem wichtigsten Energiespeicher-Medium – der Zukunft werden.

Die Erwärmung des Klimas führt auch zu einer Erwärmung des Meerwassers, was wiederum zu einem teilweisen Absterben des Planktons (Kleinstlebewesen im Meer) führen könnte. Das würde den Sauerstoffgehalt der Luft deutlich reduzieren, da das Plankton und die Wälder jeweils ungefähr. zur Hälfte den Sauerstoff (O_2) produzieren, den wir zum Atmen brauchen.

Wir sägen also gleich auf dreifache Weise an dem Ast, auf dem wir sitzen: durch die Überbevölkerung, durch die Wasserknappheit und durch die drohende Verringerung des Sauerstoffgehaltes der Luft.

10. Geschichte

♑

Der Ursprung aller Materie – genaugenommen das erste Atom – war der Wasserstoff („H“), der aus einem Proton und einem Elektron bestand. Noch heute macht der Wasserstoff ca. 90% der Masse des Weltalls aus. Die anderen 10% sind Helium („He“), das aus zwei Protonen, zwei Neutronen und zwei Elektronen besteht. Alle übrigen chemischen Elemente machen gerade mal 0,1% aus. Sauerstoff ist das dritthäufigste Element im Weltall.

In Sternen wie der Sonne werden vier Wasserstoff-Atome zu einem Helium-Atom verschmolzen. Durch die dabei freiwerdende Energie leuchtet die Sonne. In der Sonne wird auch ein Teil des Heliums über mehrere Zwischenschritte zu Sauerstoff verschmolzen, wobei wieder Energie frei wird.

Dieser Verschmelzungsprozeß von H zu He wird auch bei der Wasserstoffbombe und bei der Kernfusion genutzt. Typischerweise für die Menschen ist die kriegerische Nutzung der Kernfusion als Wasserstoffbombe bereits funktionsfähig, während die friedliche Nutzung der Kernfusion noch in den Kinderschuhen steckt …

Wasserstoff und Sauerstoff befanden sich in dem „Sternenstaub“, aus dem sich die Sonne und die Planeten rings um die Sonne gebildet haben. Dieser Sternenstaub besteht aus Wasserstoff und aus Helium und anderen Elementen, die sich vor Milliarden Jahren durch die Verschmelzung von Wasserstoff in Sternen gebildet haben, die dann später als Supernova explodiert sind und dabei die schwereren Elemente, die sich in diesen Sternen befanden, in das Weltall hinausgeschleudert haben und sich dort mit dem ursprünglichen Wasserstoff im Weltall vermischt haben.

Der meiste Wasserstoff aus dem Sternenstaub, aus dem sich unser Sonnensystem gebildet hat, hat sich in der Sonne versammelt. Ein Teil der schwereren Elemente hat dann nach und nach die Erde gebildet.

Die Erde besteht aus

32,4% Sauerstoff,
28,8% Eisen,
17,1% Silicium,
15,8% Magnesium,
1,7% Nickel,
1,6% Calcium,
1,5% Aluminium,
0,5% Schwefel,
0,4% Chrom,
0,8% sonstige (einschließlich Wasserstoff)

Die Bildung von Wasser auf der Erde ist also durch den vorhandenen Wasserstoff und nicht durch den vorhandenen Sauerstoff begrenzt. Und: Wasser ist – wenn man die Gesamtmasse der Erde betrachtet – etwas Seltenes auf der Erde, auch wenn es 80% der Erdoberfläche bedeckt.

Ursprünglich hat die Erde keine Atmosphäre gehabt. Der Wasserstoff und der Sauerstoff sind vermutlich aus der anfangs glutflüssigen Erde, also aus dem Magma als Gas entwichen. Der Wasserstoff könnte auch ursprünglich als reiner Wasserstoff in der Erde enthalten gewesen sein – der Sauerstoff wird in Silikatoxyden und Metalloxyden vorgelegen haben. Der Vorgang der Bildung der Atmosphäre und des Wassers aus dem Wasserstoff und dem Sauerstoff in der Luft, die miteinander zu Wasser reagiert haben, ist noch nicht vollständig geklärt.

Es gibt auch auf den Kometen und auf dem Erd-Mond ein wenig Wasser-Eis sowie auf einigen Monden des Jupiter (z.B. Europa) und des Saturn (z.B. Enceladus) größere Mengen flüssiges Wasser unter einer dicken Eisschicht. Doch flüssiges Wasser, das zudem noch über eine Energiequelle wie ausreichendes Sonnenlicht verfügt, ist sehr selten.

Manchmal gibt es Wasser auch an unerwarteten Orten: In den Saturnringen befindet sich z.B. ca. 20 bis 30 mal so viel Wasser-Eis wie Wasser auf der Erde

Die Erde als „Wasserplanet“ ist etwas Besonderes im Weltall. Zwar hat es auch auf dem Mars einst flüssiges Wasser gegeben – wie man an den ausgetrockneten Flussbetten und Seen sehen kann – doch dieses Wasser ist schon vor langer Zeit in das Weltall entwichen und es gibt heute nur geringe Mengen Wasser sowie eine sehr dünne Atmosphäre auf dem Mars.

Flüssiges Wasser lässt sich auf Exoplaneten (Planeten, die um eine andere Sonne als unsere Sonne kreisen) bisher nur in einem einzigen Fall einigermaßen sicher nachweisen. Dies kann allerdings auch an den derzeitigen begrenzten astronomischen Mess-Möglichkeiten liegen.

11. Lebewesen

Was ist Wasser? Physikalisch gesehen ist es Materie. Chemisch gesehen ist es das Molekül H_2O. Biologisch gesehen ist es die Grundlage allen Lebens auf der Erde und vermutlich auch auf allen anderen Planeten, auf denen es Leben gibt. Doch was ist das Wasser, wenn man es aus der Sicht des Wassers betrachtet?

Es ist ein großes Wesen, das sich auf der Erdoberfläche und zum Teil auch in den oberen Erdschichten befindet. Dieses Wesen hat seinen Hauptteil in den Meeren und kleinere Teile in den Wolken, in den Flüssen und im Grundwasser versammelt. Auch wenn sich einiges Wasser zeitweise in Tieren und Pflanzen befindet, nehmen diese doch ständig neues Wasser auf und scheiden anderes Wasser auch ständig wieder aus – das Wasser bleibt nie lange von seinem Hauptteil im Meer getrennt.

Dieses „Wasserwesen" hat auch zwei große Kreisläufe: die Meeresströmungen und den Zyklus von „Meer – Verdunstung – Wolken – Regen – Bächen – Flüssen – Meer". Daneben gibt es noch die kleinen Kreisläufe in den Pflanzen und Tieren: den Blutkreislauf (Blut besteht zu 90% Wasser) und den Pflanzensaft-Kreislauf.

Weiterhin hat dieses „Wasserwesen" ein Gedächtnis, wie die Möglichkeit zeigt, Wasser mit bestimmten Eigenschaften wie denen von Symbolen oder Heilsteinen zu prägen.

Wenn man davon ausgeht, dass das Bewusstsein und die Materie ganz schlicht zwei Seiten derselben Sache sind, dann sollte es auch ein Bewusstsein des gesamten Wassers auf der Erde geben. Dieses Wasser-Bewusstsein wäre dann ein kleiner, aber im Vergleich z.B. zum Eisen recht vielfältiger Teil des Erdbewusstseins – ein einzelnes Bild in im Bewusstsein von Gaia, wenn man das Erdbewusstsein so nennen möchte.

Doch wenn man die Ansicht, dass das Bewusstsein die Innenseite derselben Sache ist, deren Außenseite als Materie erscheint, nicht plausibel finden sollte, wenn man also nicht von einem „Pan-Bewusstsein" ausgeht, kann man auch noch weitere Überlegungen anstellen.

Was macht ein Bewusstsein aus? Genauer gesagt: Was macht ein Bewusstsein aus, dass sich seiner selber bewusst ist? Es besteht aus mindestens zwei Elementen: aus der Fähigkeit, etwas zu erkennen und darauf zu reagieren, sowie aus der Fähigkeit, sich an etwas zu erinnern.

Diese beiden Fähigkeiten – Wahrnehmung/Reaktion und Gedächtnis – sind beim Menschen offensichtlich vorhanden. Auch bei Hunden, Katzen, Pferden und anderen Tieren kann man diese beiden Fähigkeiten leicht beobachten.

Bei Pflanzen kann man die Wahrnehmung/Reaktion anhand der Menschen mit dem „Grünen Daumen" beobachten, die das Wachstum von Pflanzen durch Lob und Drohungen massiv beeinflussen können. Das Gedächtnis der Pflanzen wird durch die Wirkung einiger pflanzlicher homöopathischer Heilmittel deutlich, die der Entwicklungsgeschichte der betreffenden Pflanzen entspricht. Durch Versuche mithilfe von Lügendetektoren, die an Pflanzen angeschlossen wurden, kann man die Fähigkeit der Pflanzen zur telepathischen Wahrnehmung nachweisen – und auch Lob und Drohung sind ja keine physische Einwirkung auf die Pflanze, sondern können nur telepathische Einwirkungen sein.

Beim Wasser kann man durch die Möglichkeit, es durch Symbole, Heilsteine u.ä. zu prägen, sowohl seine Wahrnehmungsfähigkeit als auch seine Erinnerungsfähigkeit nachweisen. Schließlich berührt das Symbol unter dem Glas mit Wasser nicht auf physische Weise das Wasser – das Wasser hat also eine telepathische Wahrnehmung z.B. des Symbols. Und das Wasser behält diese Prägung für eine längere Zeit – es hat also auch so etwas wie ein Gedächtnis.

Man kann diese Prägung natürlich auch als Analogie auffassen – was ja auch weit verbreitet ist. Doch die Analogie ist keine physikalische Wirkung und kein physikalischer Zusammenhang. Es besteht folglich der begründete Verdacht, dass dieser Analogie-Zusammenhang, auf dem auch die Homöopathie und die Astrologie beruhen, näher mit dem Bewusstsein als mit der Materie verwandt ist. Wenn jedoch das Wasser eine Reaktion zeigen kann – z.B. die Prägung durch Symbole – und eine solche Analogie-Prägung mit dem Bewusstsein zu tun hat, dann muss eben auch das Wasser eine Bewusstseins-Seite haben.

Wenn jedoch die kleine Menge Wasser in einem Trinkglas ein Bewusstsein hat, hat auch die Gesamtheit des Wassers ein Bewusstsein: das kollektive Unterbewusstsein des Wassers. Man kann das Wasser auf der Erde daher als ein großes Lebewesen auffassen.

Dieses Lebewesen hat natürlich einen vollkommen anderen Leib als ein Mensch, ein Tier, eine Pflanze oder ein Pilz und dieses Lebewesen hat auch ganz andere Bewusstseinsinhalte als ein Mensch, ein Tier, eine Pflanze oder ein Pilz – aber es hat ein Bewusstsein.

12. Symbolik

♓

Wasser ist für die Menschen schon immer wichtig gewesen. Daher spielt es auch in den Mythen eine große Rolle. Allerdings nicht als „Gott des Trinkwassers“ und zunächst auch nicht als „Göttin der reinen Quellen“, sondern als der „Ort, in den man als Lebender nicht gelangen kann“ – zumindest nicht nach ganz unten in die tiefen Wasser. Daher war das Wasser auch ein Symbol für die Unterwelt.

Zusätzlich steigen ja auch am Horizont die Wolken (scheinbar) aus der Erde auf und auch das Süßwasser quillt aus der Erde aus Quellen hervor.

Es war daher naheliegend, sich die Erde als eine große schwimmende Insel vorzustellen, die ringsum von Wasser umgeben war und unter der ebenfalls Wasser war, das dann durch die Quellen nach oben stieg. Ein sehr anschauliches Bild dafür ist die Vorstellung vieler nordamerikanischer Indianer, dass die Erde der Rücken einer riesigen Schildkröte ist, die im Meer schwimmt. In Eurasien wurde die Erde meistens als ein Ur-Riese oder seltener auch als eine Göttin angesehen.

Die Meeresgötter sind, wenn man sich ihre Mythen und deren Entwicklung genauer anschaut, fast immer als der Sonnengott auf seiner nächtlichen Reise durch die Wasserunterwelt zu erkennen – der griechische Poseidon, der römische Neptun, der germanische Ägir, der keltische Nuada usw.

Die meisten Wassergeister sind – da die Unterwelt als Wasser angesehen wurde – die Geister der Toten.

Die verführerischen weiblichen Wassergeister – also Nixen, Nymphen, Najaden, die Lorelei usw. – sind die Unterweltsgöttin, die die Toten im Jenseits wiedergebiert. Da ja ständig viele Menschen sterben, musste sich die eine Jenseitsgöttin zu vielen Göttinnen vervielfältigen, um mit all den vielen Toten im Jenseits gleichzeitig schwanger sein zu können. Weiterhin sollte sie auch, da zumindest bei den männlichen Toten der Wiedergeburt im Jenseits eine Wiederzeugung vorausgeht, auch verführerisch sein. Aus der Kombination von „Wasser“, „Tod“, „Göttin“ und „Wiederzeugung“ konnte so leicht das Motiv der gefährlichen, verführerischen weiblichen Wassergeister entstehen, die den Männern den Tod bringen.

Aus dem Motiv der Wasserunterwelt ergab sich, dass Quellen, Brunnen, Teiche, Seen, Flüsse, Sümpfe, Moore und das Meer als Eingänge in die Unterwelt angesehen worden sind. Von dort unten aus den Tiefen Wassern kommen die Seelen der Kinder und dorthin gehen die Seelen auch nach dem Tod der Menschen wieder auf die Erde zurück.

Die Seelen werden aufgrund des Erlebnisses der Astralreise (Schweben über dem eigenen Körper bei einem Nahtod-Erlebnis) weltweit als Seelenvogel dargestellt. Es kam folglich ein Seelenvogel aus der Wasserunterwelt geflogen und ließ sich in dem Neugeborenen nieder. Da diese Seelenvögel aus der Wasserunterwelt kamen, sollten sie auch Wasservögel sein. Das weiß ja auch heute noch jeder: Der Storch bringt die kleinen Kinder.

Nach dem Tod kehren die Seelen in den alten Mythen wieder in die Wasserunterwelt zurück. Das lässt sich anschaulich in den frühsten ägyptischen Darstellungen sehen: Die Ahnen waren aufgrund der Astralreise Vögel. Aufgrund der Wasserunterwelt waren sie Wasservögel. Da aufgrund der Blut-Symbolik „Rot“ die Farbe des Lebens war, waren diese Wasservögel rot. Und da schließlich die Ahnen im Jenseits ja nicht alleine waren, sondern dort als die großen Gruppen von Verstorbene versammelt waren, sollten sie als Vogelschwärme erscheinen. Also stellten die alten Ägypter die Ahnen im Jenseits als lange Reihen von Flamingos dar: viele, rote Wasservögel.

Die Schamanen – also Menschen, die eine Astralreise erlebt hatten – reisten nach der Bestattung eines Toten in das Jenseits, um die Seele des Toten in den Totentempel in seine Statue oder bei den ärmeren Nachkommen eines Toten lediglich in den Totenschädel des Toten zu rufen, damit die Nachkommen weiterhin Kontakt zu diesem Ahn aufnehmen konnten.

Solch eine Jenseitsreise in die Wasserunterwelt stellte nicht nur die Verbindung zu den Ahnen, sondern auch die Verbindung zu den Göttern her. Folglich lag es für die Schamanen nahe, auch für Kranke in die Wasserunterwelt zu reisen und dort um Heilung für die Kranken zu bitten. Noch effektiver war es natürlich, wenn der Kranke selber in die Wasserunterwelt zu den Göttern reiste. Das stellte man symbolisch durch das Untertauchen in einem Gewässer dar. Später wurde dieses Untertauchen auch als Übergang in eine Religion oder als erster Kontakt zu einer Gottheit angesehen: die Taufe. Im Christentum hat man den Täufling – oft auch Erwachsene – noch bis ins Mittelalter hinein in Badewannen-großen Taufbecken ganz untergetaucht.

Eine Verflachung dieser Symbolik ist die zum Teil tägliche symbolische Reinigung mit Wasser im Judentum, Hinduismus, Islam und einigen anderen Religionen.

Wasser erscheint in vielen Religionen auch als Ritualtrank. Der Ursprung dieser Symbolik ist die Milch der Muttergöttin im Jenseits, die die Toten nach ihrer Wiedergeburt natürlich auch wiedergestillt hat. Nach allerlei Umformungen ist daraus auch der Abendmahlswein, das Lebenselixier der Alchemisten und generell das Wasser als Lebenssymbol entstanden.

Das Wasser ist auch eines der vier Elemente der Antike und auch eines der fünf Elemente in China.

Das Problem des Wassermangels hat auch schon vor 8.000 Jahren zu der Entstehung einer Wassermangel-Mythe geführt. Als um 10.500 v.Chr. die Eiszeit geendet ist, begann eine Regenzeit, die 4.500 Jahre lang dauerte. Als dann um 6.000 v.Chr. die Sommer deutlich trockener wurden, entstand die Mythe einer riesigen Schlange, die in der Wasserunterwelt lebte und im Sommer den Regen raubte und ihn in der Unterwelt gefangen hielt, bis der Himmelsgott im Herbst den Regen wieder befreit hat.

Das ist der Ursprung des Motivs des Kampfes von Zeus gegen Typhon, Thor gegen Jörmungandr, Indra gegen Vritra, Michael gegen Satan usw.

Wenn man selber mehr über das „Innenleben“ des Wassers erfahren will, kann man selber Traumreisen in das Wasser unternehmen. Bei solchen Traumreisen ist man gleichzeitig im Wachzustand und im Traumzustand – so wie bei einem Tagtraum, wenn man in der Eisenbahn sitzt und geistesabwesend zum Fenster hinausschaut, oder morgens, wenn man nach dem Erwachen einem Traum noch 10 Sekunden weiter zuschaut.

Man kann vorher nicht sagen, was man auf solchen Traumreisen sehen wird, und auch nicht, ob das eigene Bilder sind, mythologische Bilder oder tiefere Erkenntnisse über das Wasser oder ob man von dem Wasser gar eine konkrete Hilfe für den eigenen Alltag erhält – aber es lohnt sich so gut wie immer und man hat die Chance auf einen direkten Zugang zu dem Wasser-Aspekt des kollektiven Unterbewusstseins der Menschen.

Es gibt von dem Dichter Conrad Ferdinand Meyer ein gut bekanntes Gedicht, in dem er anschaulich das Wesen des Wassers beschreibt:

Der römische Brunnen

In einem römischen Garten
Verborgen ist ein Bronne,
Behütet von dem harten
Geleucht' der Mittagssonne.

Er steigt in schlankem Strahle
In dunkle Laubesnacht
Und sinkt in eine Schale
Und übergießt sie sacht.

Die Wasser steigen nieder
In zweiter Schale Mitte,
Und voll ist diese wieder,
Sie fluten in die dritte:

Ein Nehmen und ein Geben,
Und alle bleiben reich,
Und alle Fluten leben
Und ruhen doch zugleich.

Bücher von Harry Eilenstein

Magie für Anfänger
- Telepathie für Anfänger (60 S.)
- Telepathie für Fortgeschrittene (52 S.)
- Telekinese für Anfänger (52 S.)
- Analogien für Anfänger (56 S.)
- Omen und Orakel für Anfänger (52 S.)
- Lebenskraft für Anfänger (60 S.)
- Meditation für Anfänger (56 S.)
- Kundalini für Anfänger (100 S.)
- Hypnose für Anfänger (56 S.)
- Kampfmagie für Anfänger (172 S.)
- Auto-Movement für Anfänger (56 S.)
- Chakra-Magie für Anfänger (148 S.)
- Astralreisen für Anfänger (56 S.)
- Astrologie für Anfänger (120 S.)
- Astrologische Quadrate für Fortgeschrittene (72 S.)
- Partnerhoroskope für Anfänger (100 S.)
- Silberschnüre für Anfänger (52 S.)
- Zaubersprüche für Anfänger (60 S.)
- Ritual-Magie für Anfänger (56 S.)
- Mandalas für Anfänger (68 S.)
- Geldzauber für Anfänger (56 S.)
- Liebeszauber für Anfänger (52 S.)
- Invokationen für Anfänger (52 S.)
- Evokationen für Anfänger (60 S.)
- Geister für Anfänger (52 S.)
- Elfen für Anfänger (56 S.)
- Magie-Forschung für Anfänger (140 S.)
- Magie-Romantik für Anfänger (60 S.)
- Selbsterkenntnis für Anfänger (52 S.)
- Einweihungen für Anfänger (60 S.)
- Drogen-Kabbala für Anfänger (216 S.)
- Zahlensymbolik für Anfänger (60 S.)
- Die Sprache des Mondes – für Anfänger (116 S.)
- Zaubergesänge für Anfänger (100 S.)
- Zukunftschau für Anfänger (60 S.)
- Schamanismus für Anfänger (52 S.)
- Schwitzhütten für Anfänger (52 S.)
- Magische Gegenstände für Anfänger (68 S.)
- Übertragungen für Anfänger (68 S.)
- Zaubertränke für Anfänger (64 S.)
- Magie-Gesten für Anfänger (252 S.)
- Da'ath-Magie für Anfänger (64 S.)
- Magie-Heilungen für Anfänger (68 S.)
- Kornkreise für Anfänger (348 S.)
- Feng Shui für Anfänger (96 S.)
- Tao für Anfänger (112 S.)
- Magie für Anfänger – Sammelband I (696 S.)
- Magie für Anfänger – Sammelband II (664 S.)
- Magie für Anfänger – Sammelband III (580 S.)
- Magie für Anfänger – Sammelband IV (700 S.)
- Magie für Anfänger – Sammelband V (676 S.)
- Magie für Anfänger – Sammelband VI (640 S.)

Magie
- Handbuch für Zauberlehrlinge (408 S.)
- Wie man das Pentagramm-Ritual zum Leben erweckt (308 S.)
- Tarot (104 S.)
- Physik und Magie (184 S.)
- Die Synthese von Physik und Magie (200S.)
- Die Magie-Formel (156 S.)
- Schwarze Löcher in der Magie (56 S.)
- Krafttiere – Tiergöttinnen – Tiertänze (112 S.)
- Schwitzhütten (524 S.)
- Mythen und Magie der Harfe (116 S.)
- Drei Adeptus Major Rituale (192 S.)
- Drei Adeptus Exemptus Rituale (120 S.)
- Zwei Infans Abyssi Rituale (128 S.)

Traumreisen
- Traumreisen zu Heilpflanzen (700 S.)
- Traumreisen zum kabbalistischen Lebensbaum (132 S.)

Meditation
- Der Lebenskraftkörper (230 S.)
- Die Chakren (100 S.)
- Das Chakren-System mit den Nebenchakren (296 S.)
- Organe und Chakren (64 S.)
- Die platonischen Körper in den Chakren (156 S.)
- Meditation (140 S.)
- Drachenfeuer (124 S.)
- Kundalini I (676 S.)
- Kundalini II (672 S.)
- Reinkarnation (156 S.)
- einsgerichtet (140 S.)

Astrologie
- Astrologie (496 S.)
- Photo-Astrologie (428 S.)
- Die astrologischen Aspekte (88 S.)
- Horoskop und Seele (120 S.)

Kabbala
- Kursus der praktischen Kabbala (150 S.)
- Eltern der Erde (450 S.)
- Blüten des Lebensbaumes:
    1. Die Struktur des kabbalistischen Lebensbaumes (370 S.)
    2. Der kabbalistische Lebensbaum als Forschungshilfsmittel (580 S.)
    3. Der kabbalistische Lebensbaum als spirituelle Landkarte (520 S.)
- Logik und Wirkung der Analogie (700 S.)

Eilenstein, Frater V.D., Knecht, Büdenbender
- Magie heute – Berichte aus der Praxis (288 S.)

Büdenbender, Eilenstein
- Chaos, Alk und Magic (436 S.)

Germanen

1. Die Entwicklung der germanischen Religion (556S.)
2. Lexikon der germanischen Religion (576S.)
3. Der ursprüngliche Göttervater Tyr (584S.)
4. Tyr in der Unterwelt: der Schmied Wieland (228S.)
5. Tyr in der Unterwelt: der Riesenkönig 1 (448S.)
6. Tyr in der Unterwelt: der Riesenkönig 2 (452S.)
7. Tyr in der Unterwelt: der Zwergenkönig (304S.)
8. Der Himmelswächter Heimdall (140S.)
9. Der Sommergott Baldur (228S.)
10. Der Meeresgott: Ägir, Hler und Njörd (176S.)
11. Der Eibengott Ullr (148S.)
12. Die Zwillingsgötter Alcis (292S.)
13. Der neue Göttervater Odin 1 (672S.)
14. Der neue Göttervater Odin 2 (160S.)
15. Der Fruchtbarkeitsgott Freyr (320S.)
16. Der Chaos-Gott Loki (608S.)
17. Der Donnergott Thor (600S.)
18. Der Priestergott Hönir (76S.)
19. Die Göttersöhne (204S.)
20. Die unbekannteren Götter (248S.)
21. Die Göttermutter Frigg (220S.)
22. Die Liebesgöttin: Freya und Menglöd (424S.)
23. Die Erdgöttinnen (212S.)
24. Die Korngöttin Sif (104S.)
25. Die Apfel-Göttin Idun (144S.)
26. Die Hügelgrab-Jenseitsgöttin Hel (288S.)
27. Die Meeres-Jenseitsgöttin Ran (112S.)
28. Die unbekannteren Jenseitsgöttinnen (384S.)
29. Die unbekannteren Göttinnen (308S.)
30. Die Nornen (328S.)
31. Die Walküren (636S.)
32. Die Zwerge (424S.)
33. Der Urriese Ymir (220S.)
34. Die Riesen (384S.)
35. Die Riesinnen (368S.)
36. Mythologische Wesen (280S.)
37. Mythologische Priester und Priesterinnen (220S.)
38. Sigurd/Siegfried (672S.)
39. Helden und Göttersöhne (628S.)
40. Die Symbolik der Vögel und Insekten (496S.)
41. Die Symbolik der Schlangen, Drachen und Ungeheuer (616S.)

42.a Die Symbolik der Herdentiere 1 (448S.)
42.b Die Symbolik der Herdentiere 2 (304S.)

43. Die Symbolik der Raubtiere (372S.)
44. Die Symbolik der Wassertiere und sonstigen Tiere (164S.)
45. Die Symbolik der Pflanzen (192S.)
46. Die Symbolik der Farben (124S.)
47. Die Symbolik der Zahlen (640S.)
48. Die Symbolik von Sonne, Mond und Sternen (596S.)

49.a Das Jenseits 1 – Das Hügelgrab (428S.)
49.b Das Jenseits 2 – Der Jenseitsweg (484S.)

50. Astralreise, Seelenvogel, Utiseta und Einweihung (420S.)
51. Wiederzeugung und Wiedergeburt (476S.)
52. Elemente der Kosmologie (412S.)
53. Der Weltenbaum (324S.)
54. Die Symbolik der Himmelsrichtungen und der Jahreszeiten (276S.)

55.a Mythologische Motive 1 – Aufbau (492S.)
55.b Mythologische Motive 2 – Vorgänge (480S.)

56. Der Tempel (397S.)
57. Die Einrichtung des Tempels (696S.)
58. Priesterin – Seherin – Zauberin – Hexe (428S.)
59. Priester – Seher – Zauberer (300S.)
60. Rituelle Kleidung und Schmuck (140S.)
61. Skalden und Skaldinnen (92S.)
62. Kriegerinnen und Ekstase-Krieger (224S.)
63. Die Symbolik der Körperteile (340S.)

64.a Magie und Ritual 1 – Magie (608S.)
64.b Magie und Ritual 2 – Kult (592S.)
64.c Magie und Ritual 3 – Heilung (192S.)

65. Gestaltwandler (316S.)

66.a Magische Angriffs-Waffen (660S.)
66.b Magische Verteidigungs-Waffen (328S.)

67. Magische Werkzeuge und Gegenstände (348S.)
68. Zaubersprüche (340S.)
69. Göttermet (416S.)
70. Zaubertränke (72S.)
71. Träume, Omen und Orakel (284S.)
72. Runen (252S.)
73. Sozial-religiöse Rituale (328S.)
74. Weisheiten und Sprichworte (540S.)
75. Kenningar (664S.)
76. Rätsel (160S.)
77. Die vollständige Edda des Snorri Sturluson (512S.)
78. Frühe Skaldenlieder (224S.)

79.a Mythologische Sagas 1 (488S.)
79.b Mythologische Sagas 2 (372S.)

80. Hymnen an die germanischen Götter (684S.)

nicht Teil der Germanen-Reihe:

- Odin (300 S.)

Kelten

- Cernunnos (690 S.)
- Taliesin (228 S.)
- Der Kessel von Gundestrup (220 S.)
- Der Chiemsee-Kessel (76)

Inder

- Dakini (80 S.)
- Vajra (76 S.)

Griechen

- Pan (336 S.)
- Poseidon (668 S.)

Religion allgemein
- Die sieben Schritte des Lebens (428 S.)
- Muttergöttin und Schamanen (168 S.)
- Totempfähle (440 S.)
- Der Urriese (168 S.)

Jungsteinzeit
- Göbekli Tepe (472 S.)
- Die Göttin von Göbekli Tepe (144 S.)
- Die Rituale von Göbekli Tepe (112 S.)

Ägypten
- Hathor und Re 1: Götter und Mythen im im Alten Ägypten (432 S.)
- Hathor und Re 2: Die altägyptische Religion – Ursprünge, Kult und Magie (396 S.)
- Isis (508 S.)
- Ma'at (200 S.)

Indogermanen
- Die Entwicklung der indogermanischen Religionen (700 S.)
- Wurzeln und Zweige der indogermanischen Religion (224 S.)

Christentum
- Christus (60 S.)
- Die Biographie des Teufels (144 S.)
- Die Magie der Propheten Elias und Elisa (96 S.)

Psychologie
- Über die Freude (100 S.)
- Das Geheimnis des inneren Friedens (252 S.)
- Das Beziehungsmandala (52 S.)
- Gefühle und ihre Verwandlungen (404 S.)
- einsgerichtet (140 S.)
- Liebe und Eigenständigkeit (216 S.)
- Von innerer Fülle zu äußerem Gedeihen (52 S.)
- Kreative Hochzeits-Rituale (56 S.)

Heilung
- Die Symbolik der Krankheiten (76 S.)

Kunst
- Herz des Tanzes – Tanz des Herzens (160 S.)
- Die Wurzeln der Kunst (60 S.)
- Wege zur Musik-Improvisation (32 S.)

Drama
- König Athelstan (104 S.)

Roman
- Maran der Schamane (548 S.)
- Maran der Zauberlehrling (676 S.)
- Maran der Harfner (700 S.)
- Maran der Krieger (700 S.)
- Maran der Magier (900 S.)
- Maran der Weise (900 S.)

Entwürfe für die Zukunft
1. Die 12 Stile des Tierkreises (164 S.)
2. Die 12 Gedanken zur Energie (108 S.)
3. Die 12 Phänomene der Schwingungen (60 S.)
4. Die 12 Qualitäten des Wassers (92 S.)
5. Die 12 Fundamente des Wohnens (96 S.)
6. Die 12 Grundprinzipien einer umfassenden Gesundheit (32 S.)
7. Die 12 Zonen des menschlichen Körpers (80 S.)
8. Die 12 Zutaten der Ernährung (60 S.)
9. Die 12 Flüge der Bienen (148 S.)
10. Die 12 Sichtweisen auf Genußmittel und Drogen (96 S.)
11. Die 12 Möglichkeiten der ganzheitlichen Medizin (92 S.)
12. Die 12 Ansichten über das Impfen (36 S.)
13. Die 12 Leitlinien der Erziehung (44 S.)
14. Die 12 Richtungen des Denkens (84 S.)
15. Die 12 Arten des Lernens (56 S.)
16. Die 12 Seiten einer umfassenden Bildung (36 S.)
17. Die 12 Ansätze zu effektivem Handeln (76 S.)
18. Die 12 Konzepte der Arbeit (48 S.)
19. Die 12 Arten der neuen Technologien (36 S.)
20. Die 12 Betrachtungsweisen der künstlichen Intelligenz (48 S.)
21. Die 12 Eigenheiten des Geldes (40 S.)
22. Die 12 Funktionen der Steuern (56 S.)
23. Die 12 Betrachtungsweisen der Sozialberufe (60 S.)
24. Die 12 Strategien der Macht (64 S.)
25. Die 12 Anforderungen an ein neues Wertesystem (48 S.)
26. Die 12 Bausteine einer neuen Gesellschaftsform (52 S.)
27. Die 12 Tore zur Sophikratie (80 S.)
28. Die 12 Pfade zum Frieden (48 S.)
29. Die 12 Säulen des Naturrechts (56 S.)
30. Die 12 Grundlagen der Beziehungen (52 S.)
31. Die 12 Spielfelder des Fußballs (108 S.)
32. Die 12 Wege der Kunst (60 S.)
33. Die 12 Wurzeln eines erfüllten Lebens (44 S.)
34. Die 12 Bereiche des Bewußtseins (56 S.)
35. Die 12 Tempel der Religionen (84 S.)
36. Die 12 Aspekte eines einheitlichen spirituell-physikalischen Weltbildes (72 S.)
37. Die 12 Dynamiken der Verwandlung (44 S.)

- Sammelband 1 „Natur“ (492 S.)
- Sammelband 2 „Gesundheit“ (512 S.)
- Sammelband 3 „Bildung“ (524 S.)
- Sammelband 4 „Gesellschaft“ (416 S.)
- Sammelband 5 „Psyche“ (380 S.)

Englische Buch-Ausgaben

die „Anfänger"-Reihe

- The Synthesis of Physics and Magic (192 p.)
- Telepathy for Beginners (60 p.)
- Telepathy for Advanced Learners (52 p.)
- Telekinesis for Beginners (56 p.)
- Life Force for Beginners (76 p.)
- Kundalini for Beginners (104 p.)
- Astral Projection for Beginners (60 p.)
- Meditation for Beginners (60 p.)
- Prophecy for Beginners (60 p.)
- Ritual Magic for Beginners (64 p.)
- Magic Chant for Beginners (108 p.)
- Invocations for Beginners (52 p.)
- Evocations for Beginners (62 p.)
- Auto-Movement for Beginners (60 p.)
- Elves for Beginners (56 p.)
- Hypnosis for Beginners (56 p.)
- Love Magic for Beginners (52 p.)
- Money Magic for Beginners (60 p.)
- Magic Objects for Beginners (64 p.)
- Shamanism for Beginners (52 p.)
- Chakra-Magic for Beginners (148 p.)
- Language of the Moon – for Beginners (128 p.)
- Self Knowledge for Beginners (60 p.)
- Da'ath-Magic for Beginners (64 p.)
- Astrology for Beginners (112 p.)
- Number Symbolism for Beginners (64 p.)
- Mandalas for Beginners (76 p.)
- Crop Circles for Beginners (344 p.)
- Feng Shui for Beginners (96 p.)
- Magic Research for Beginners (140 p.)
- Magic for Beginners – Anthology I (636 p.)
- Magic for Beginners – Anthology II (616 p.)
- Magic for Beginners – Anthology III (684 p.)
- Magic for Beginners – Anthology IV (580 p.)

Eilenstein, Frater V.D., Knecht, Büdenbender

- Living Magic (261 S.) (= „Magie heute")

sonstige englische Ausgaben

- The Biography of the Devil (140 S.)
- The Synthesis of Physics and Magic (192 S.)
- The Chakra-System with the Minor Chakras (304 S.)